高等教育教材

化工实训基础

仇丹 徐瑾 葛诗杰 ◎主编

HUAGONG
SHIXUN
JICHU

化学工业出版社

·北京·

内容简介

《化工实训基础》共分为9章。第1章~第5章是基础认知部分，包含常见设备认知、化工管道系统及管道标识认知、常见仪表认知、劳动保护认知和安全设备认知。这部分注重基础性、系统性，旨在使各相关专业学生和从业人员初步接触和了解化学工业的基本情况。第6章~第8章是实训认知部分，包含公共科目实训、特殊作业认知和危险工艺认知。这部分是结合生产实际展开论述，注重实用性、专业性，旨在培养个体应急处置能力，初步了解基本的化工生产过程。第9章是常见危险化学品安全数据表，通过了解安全数据，提升专业素养和安全意识。

本书可作为高等学校、职业院校等不同层次院校化学化工类专业的认识实习等基础实训课程的教材，也可作为化工企业新入职人员和外单位协作人员的培训教材和参考书。

图书在版编目（CIP）数据

化工实训基础 / 仇丹，徐瑾，葛诗杰主编. -- 北京：
化学工业出版社，2024. 9. -- ISBN 978-7-122-46126-1

Ⅰ. TQ02

中国国家版本馆CIP数据核字第202428UZ54号

责任编辑：提　岩　熊明燕
责任校对：王　静　　　　　　　　　　装帧设计：王晓宇

出版发行：化学工业出版社
　　　　　（北京市东城区青年湖南街13号　邮政编码100011）
印　　装：高教社（天津）印务有限公司
787mm×1092mm　1/16　印张10¼　字数239千字
2024年9月北京第1版第1次印刷

购书咨询：010-64518888　　　　　　　售后服务：010-64518899
网　　址：http://www.cip.com.cn
凡购买本书，如有缺损质量问题，本社销售中心负责调换。

定　　价：29.80元

前言
PREFACE

化工行业是关系到国家经济命脉和战略安全的重要行业。党的二十大报告中提出，必须坚持科技是第一生产力、人才是第一资源、创新是第一动力，深入实施科教兴国战略、人才强国战略、创新驱动发展战略，开辟发展新领域新赛道，不断塑造发展新动能新优势。化工行业几乎在所有制造行业中扮演了重要角色，其行业运行状况关系到国计民生。因此，化工行业的发展是推动科技发展的关键。

为贯彻党的二十大精神，坚持教育优先发展、科技自立自强、人才引领驱动，加快建设教育强国、科技强国、人才强国，坚持为党育人、为国育才，全面提高人才自主培养质量，着力造就拔尖创新人才，聚天下英才而用之。需积极培养化工领域一流人才，本教材参照了面向 21 世纪化工类专业人才培养方案和教育部新工科人才培养内涵，是化工类各专业的应用技术公共课程。在编写过程中注意了教材的通用性，侧重于基础知识点介绍，并参照最新的法律法规标准规范内容。

教材结合化工企业的特点，注重理论知识与实践操作相结合并融入思政元素，介绍了化工常见设备、化工管道、常见仪表、劳动保护、安全设备、公共科目、危险工艺和特殊作业等相关基础性知识。具体如下：

1. 教材将化工领域常见设备、管道仪表等以图片和注释的形式给出，以便学生更直观地了解各种化工设备的外观，明白其作用原理及应用过程。

2. 为避免或减轻职业危害，保证从业人员等生产经营活动参与者的安全，教材详细介绍了各种劳动保护用具及安全设备的分类及具体使用方法，培养学生的安全意识，避免在实际操作中发生危险。

3. 教材采用公共科目实训培训与理论知识相结合，在实训中加强对理论知识的理解与应用，培养学生独立处理问题的能力和实践动手能力，锻炼学生熟练使用基础救援设备和具备应急救治能力。

4. 教材根据 GB 30871—2022 规定的特殊作业要求和国家安全监管总局公布的危险化工工艺目录，介绍了各种特殊作业及危险工艺的操作规程及注意事项等，使学生了解这些化学反应过程和相应的安全生产技术。

5. 教材将常见危险化学品的安全数据通过表格列出，便于学生了解各类危险化学品的性能参数，避免危险发生。

　　本书由宁波工程学院仇丹、徐瑾和宁海县应急管理研究中心葛诗杰担任主编。第1章、第9章由仇丹编写，第2章由宁波工程学院胡敏杰编写，第3章由宁波工程学院杨春风编写，第4章由徐瑾编写，第5章由宁海县应急管理研究中心葛诗杰、潘欣怡编写，第6章由宁海县应急管理研究中心蒋勤、叶积秀编写，第7章由宁波工程学院高禾鑫编写，第8章由浙大宁波理工学院张艳辉编写。全书由仇丹统稿，宁波工程学院王家荣主审。

　　教材的编写工作得到了宁波工程学院和秦皇岛博赫科技开发有限公司的大力支持，宁波工程学院王灵辉、朱秋冬和秦皇岛博赫科技开发有限公司王彦等参与了部分素材的整理工作，在此一并致以衷心的感谢！

　　因实训基础教材涉及的知识面和学科范围较广，限于编者水平，书中不足之处在所难免，敬请广大读者不吝指正。

编者
2024年5月

目录

CONTENTS

第 1 章　常见设备认知 ……………………………………………………… 001

  1.1　化工企业常见的泵 ……………………………………………… 001

    1.1.1　单级离心泵 …………………………………………… 001

    1.1.2　多级离心泵 …………………………………………… 002

    1.1.3　螺杆泵 ………………………………………………… 003

    1.1.4　柱塞泵 ………………………………………………… 004

    1.1.5　旋涡泵 ………………………………………………… 005

  1.2　化工企业常见的阀 ……………………………………………… 006

    1.2.1　闸阀 …………………………………………………… 006

    1.2.2　截止阀 ………………………………………………… 007

    1.2.3　球阀 …………………………………………………… 007

    1.2.4　止回阀 ………………………………………………… 008

    1.2.5　安全阀 ………………………………………………… 009

    1.2.6　调节阀 ………………………………………………… 009

  1.3　化工企业常见的换热器 ………………………………………… 010

    1.3.1　管壳式换热器 ………………………………………… 010

    1.3.2　板式换热器 …………………………………………… 012

    1.3.3　空冷器 ………………………………………………… 012

  1.4　化工企业常见的压力容器 ……………………………………… 013

  1.5　化工企业常见的塔器 …………………………………………… 014

    1.5.1　板式塔 ………………………………………………… 014

    1.5.2　填料塔 ………………………………………………… 014

  1.6　化工企业常见的反应器 ………………………………………… 016

    1.6.1　固定床反应器 ………………………………………… 016

    1.6.2　移动床反应器 ………………………………………… 017

    1.6.3　流化床反应器 ………………………………………… 017

第 2 章　化工管道系统及管道标识认知 ………………………………… 019

  2.1　化工管道系统 …………………………………………………… 020

    2.1.1　常见术语 ……………………………………………… 020

2.1.2 常见符号 ……………………………………………………… 021

2.1.3 管道分类分级 ………………………………………………… 021

2.1.4 管道等级表说明 ……………………………………………… 022

2.1.5 管道布置的基本原则 ………………………………………… 023

2.1.6 管道的设计温度及设计压力 ………………………………… 023

2.1.7 配管的一般要求 ……………………………………………… 024

2.2 法兰基本知识 ……………………………………………………… 025

2.2.1 法兰的压力等级 ……………………………………………… 025

2.2.2 法兰的密封面 ………………………………………………… 026

2.2.3 法兰的分类 …………………………………………………… 026

2.2.4 法兰的标识 …………………………………………………… 027

2.2.5 拆装法兰的注意事项 ………………………………………… 027

2.3 垫片基本知识 ……………………………………………………… 027

2.3.1 垫片的结构形式 ……………………………………………… 027

2.3.2 选用垫片的基本原则 ………………………………………… 028

2.4 管道标识认知 ……………………………………………………… 028

2.4.1 管道标识（管道色环）三要素 ……………………………… 029

2.4.2 管理原则 ……………………………………………………… 029

2.4.3 标志要求 ……………………………………………………… 029

第3章 常见仪表认知 ……………………………………………………… 034

3.1 化工企业常见的流量计 …………………………………………… 034

3.1.1 转子流量计 …………………………………………………… 034

3.1.2 涡轮流量计 …………………………………………………… 035

3.1.3 电磁流量计 …………………………………………………… 035

3.1.4 孔板流量计 …………………………………………………… 036

3.1.5 文丘里流量计 ………………………………………………… 037

3.2 化工企业常见的压力计 …………………………………………… 038

3.2.1 液柱式压力表 ………………………………………………… 038

3.2.2 弹性式压力表 ………………………………………………… 038

3.2.3 压力传感器和压力变送器 …………………………………… 039

3.3 化工企业常见的液位计 …………………………………………… 039

3.3.1 玻璃管液位计 ………………………………………………… 039

3.3.2 磁翻柱液位计 ………………………………………………… 040

3.3.3 双法兰液位计 ………………………………………………… 041

3.3.4 超声波液位计 ………………………………………………… 041

3.4 化工企业常见的温度计 …………………………………………… 042

3.4.1 双金属温度计 ………………………………………………… 042

3.4.2 PT100热电阻 ………………………………………………… 042

3.4.3 热电偶温度计 ·· 043

第 4 章　劳动保护认知 ··· 044

4.1 劳保分类 ··· 044

4.1.1 按造成急性伤害的防护方式分 ··· 044

4.1.2 按造成慢性伤害的防护方式分 ··· 044

4.1.3 按保护人体部位分 ··· 044

4.2 劳保认知及用途 ·· 045

4.2.1 安全帽 ··· 045

4.2.2 呼吸防护用品 ·· 046

4.2.3 防护眼镜和面罩 ··· 047

4.2.4 听力护具 ·· 048

4.2.5 防护鞋 ··· 049

4.2.6 防护手套 ·· 049

4.2.7 防护服 ··· 050

4.2.8 防坠落护具 ··· 050

第 5 章　安全设备认知 ··· 054

5.1 可燃气体报警器 ·· 054

5.1.1 固定式可燃气体报警仪 ··· 054

5.1.2 便携式可燃气体报警仪 ··· 054

5.2 灭火设备 ··· 055

5.2.1 灭火器 ··· 055

5.2.2 消防炮 ··· 055

5.2.3 消防水枪 ·· 056

5.2.4 消防水带 ·· 057

5.3 化工生产的常见安全设备 ·· 057

5.3.1 旁通管（阀） ·· 057

5.3.2 紧急切断阀 ··· 058

5.3.3 安全阀、放空管、回收管、火炬 ·· 058

5.3.4 防爆膜（爆破片） ·· 059

5.3.5 数据资料采集装置 ·· 059

5.3.6 蒸汽吹扫系统 ·· 059

5.3.7 管线 ·· 060

5.3.8 报警装置、灭火装置 ·· 060

第 6 章　公共科目实训 ··· 062

6.1 灭火器的选择和使用 ··· 062

　　　6.1.1　火灾的分类 ································· 062

　　　6.1.2　灭火器的适用范围 ·················· 062

　　　6.1.3　灭火器的正确使用 ·················· 063

　　　6.1.4　设备概述 ································· 064

　　　6.1.5　设备介绍 ································· 065

　　　6.1.6　实训（考核）流程 ·················· 065

　　6.2　创伤包扎 ······································· 067

　　　6.2.1　创伤包扎前注意事项 ··············· 067

　　　6.2.2　包扎方法 ································· 068

　　　6.2.3　创伤包扎注意事项 ·················· 068

　　　6.2.4　设备概述 ································· 069

　　　6.2.5　设备介绍 ································· 069

　　　6.2.6　实训（考核）流程 ·················· 070

　　6.3　单人徒手心肺复苏（术） ··············· 072

　　　6.3.1　心肺复苏的操作方法 ··············· 072

　　　6.3.2　设备概述 ································· 076

　　　6.3.3　设备介绍 ································· 076

　　　6.3.4　实训（考核）流程 ·················· 076

　　6.4　正压式空气呼吸器的使用 ··············· 080

　　　6.4.1　正压式空气呼吸器使用前检查 ··· 080

　　　6.4.2　正压式空气呼吸器的使用步骤 ··· 081

　　　6.4.3　正压式空气呼吸器使用注意事项 ··· 082

　　　6.4.4　设备概述 ································· 082

　　　6.4.5　设备介绍 ································· 083

　　　6.4.6　实训（考核）流程 ·················· 083

第 7 章　特殊作业认知 ································· 088

　　7.1　动火作业 ······································· 089

　　　7.1.1　认识动火作业 ························· 089

　　　7.1.2　作业分级 ································· 089

　　　7.1.3　作业基本要求 ························· 090

　　7.2　受限空间作业 ······························· 091

　　　7.2.1　认识受限空间作业 ·················· 091

　　　7.2.2　作业基本要求 ························· 091

　　7.3　盲板抽堵作业 ······························· 092

　　　7.3.1　认识盲板抽堵作业 ·················· 092

　　　7.3.2　作业基本要求 ························· 092

　　7.4　高处作业 ······································· 093

　　　7.4.1　认识高处作业 ························· 093

       7.4.2　作业分级 ···································· 093
       7.4.3　作业基本要求 ····························· 094
   7.5　吊装作业 ··· 095
       7.5.1　认识吊装作业 ····························· 095
       7.5.2　作业分级 ···································· 095
       7.5.3　作业基本要求 ····························· 095
   7.6　临时用电作业 ····································· 096
       7.6.1　认识临时用电作业 ······················· 096
       7.6.2　作业基本要求 ····························· 096
   7.7　动土作业 ··· 097
       7.7.1　认识动土作业 ····························· 097
       7.7.2　作业基本要求 ····························· 097
   7.8　断路作业 ··· 098
       7.8.1　认识断路作业 ····························· 098
       7.8.2　作业基本要求 ····························· 098
   7.9　特殊作业事故案例及分析 ····················· 099
       7.9.1　事故发生经过 ····························· 099
       7.9.2　直接原因 ···································· 100
       7.9.3　间接原因 ···································· 100
       7.9.4　事故教训 ···································· 101

第8章　危险工艺认知 ······································ 102
   8.1　光气及光气化工艺 ······························· 102
   8.2　电解工艺（氯碱） ······························· 103
   8.3　氯化工艺 ··· 104
   8.4　硝化工艺 ··· 105
   8.5　合成氨工艺 ·· 107
   8.6　裂解（裂化）工艺 ······························· 108
   8.7　氟化工艺 ··· 109
   8.8　加氢工艺 ··· 110
   8.9　重氮化工艺 ·· 112
   8.10　氧化工艺 ··· 113
   8.11　过氧化工艺 ······································ 114
   8.12　胺基化工艺 ······································ 115
   8.13　磺化工艺 ··· 116
   8.14　聚合工艺 ··· 118
   8.15　烷基化工艺 ······································ 119
   8.16　新型煤化工工艺 ································· 120
   8.17　电石生产工艺 ··································· 121

8.18　偶氮化工艺 ……………………………………………………………… 122

第9章　常见危险化学品安全数据表 ……………………………………… 123

9.1　氢 ………………………………………………………………………… 123

9.2　氧 ………………………………………………………………………… 124

9.3　氮 ………………………………………………………………………… 125

9.4　氯 ………………………………………………………………………… 126

9.5　甲烷 ……………………………………………………………………… 127

9.6　甲醇 ……………………………………………………………………… 129

9.7　硫酸 ……………………………………………………………………… 130

9.8　乙烯 ……………………………………………………………………… 131

9.9　氯化氢 …………………………………………………………………… 132

9.10　氯甲烷 ………………………………………………………………… 134

9.11　氯乙烷 ………………………………………………………………… 135

9.12　氢氧化钠 ……………………………………………………………… 136

9.13　二氯甲烷 ……………………………………………………………… 137

9.14　三氯甲烷 ……………………………………………………………… 138

9.15　四氯化碳 ……………………………………………………………… 140

9.16　四氯乙烯 ……………………………………………………………… 141

9.17　环氧乙烷 ……………………………………………………………… 142

9.18　三乙基铝 ……………………………………………………………… 143

9.19　五氧化二钒 …………………………………………………………… 144

9.20　1,1-二氯乙烷 ………………………………………………………… 145

9.21　1,2-二氯乙烷 ………………………………………………………… 147

9.22　次氯酸钠溶液 ………………………………………………………… 148

9.23　马来酸二甲酯 ………………………………………………………… 149

9.24　γ-丁内酯 ……………………………………………………………… 150

9.25　1,4-丁二醇 …………………………………………………………… 151

参考文献 …………………………………………………………………… 153

第1章

常见设备认知

化工设备是指化工生产中静止的或者配有传动机构组成的装置，主要用于完成传热、传质和化学反应等过程，或用于储存物料。化工企业通常按设备是否有能源消耗将其分为动设备和静设备。动设备是指有驱动机带动的转动设备，常见的如泵（单级离心泵、多级离心泵、螺杆泵、柱塞泵、旋涡泵）、压缩机、风机等；静设备是指没有驱动机带动的非移动或移动的设备，常见的如阀（法兰截止阀、法兰闸阀、法兰球阀、单向阀、安全泄放阀、电动调节阀、气动调节阀）、换热器、容器、塔器、反应器等。

本章主要是对化工企业常见的化工设备进行简要的介绍。

1.1 化工企业常见的泵

化工企业中将用来向液体做功以提高其机械能的装置称为泵，通常根据泵的工作原理可分为以下几种。

（1）叶轮式泵 利用高速旋转的叶轮使流体获得能量，适用于大中流量、中低扬程场合，如单级离心泵、多级离心泵、旋涡泵等。

（2）容积式泵 利用活塞或转子的挤压使流体升压以获得能量，适用于小流量、高扬程场合，如螺杆泵、柱塞泵、隔膜泵等。

（3）其他类型泵 不属于以上两种工作原理的泵，如真空泵、喷射泵等。

1.1.1 单级离心泵

单级离心泵包括泵体、泵盖，带输出轴的电动机，外形如图1-1所示。在泵体内装设的泵轴、轴承座、叶轮、机械密封和机封压盖是通过加长弹性联轴器与电动机连接的，泵的旋转方向从驱动端看为顺时针旋转。此外，它还包括位于电动机输出轴与泵轴之间设置的对夹式联轴器，以及安装在轴承座上的以辅助支承泵轴的导轴承，对夹式联轴器分别与电动机输出轴和泵轴刚性连接。在电动机输出轴与泵轴之间留有便于机械密封和机封压盖装拆的空间距离，以便在维修或更换机械密封时，无须拆卸电动机及泵盖，组件情况如图1-2所示。

单级离心泵是化工企业中最常见的离心泵，主要有以下特点。

（1）安装、维修方便 立式管道式结构，泵的进出口能像阀门一样安装在管路的任何位置及任何方向，安装、维修极为方便。

（2）运行平稳、安全可靠 电机轴和泵轴为同轴直联，同心度高，运行平稳，安全可靠。

图 1-1　单级离心泵外形

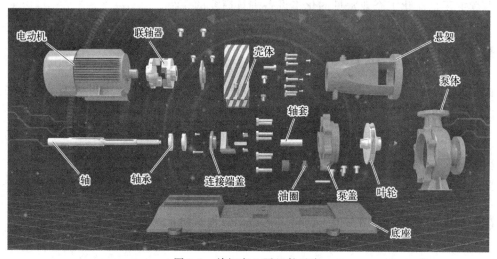

图 1-2　单级离心泵组件示意

1.1.2　多级离心泵

多级离心泵由电机、联轴器、轴承支架、泵体连接螺杆、进水段、出水段、次级进水段、过渡管、轴承体甲等组成，外形如图 1-3 所示。多级离心泵是将具有同样功能的两个以上的离心泵集合在一起，流体通道结构上，表现在第一级的介质泄压口与第二级的进口相通，第二级的介质泄压口与第三级的进口相通，如此串联的机构形成了多级离心泵，组件情况如图 1-4 所示。

多级离心泵采用了国家推荐使用的高效节能水力模型，具有高效节能、性能范围广、运行安全平稳、低噪声、长寿命、安装维修方便等优点。通过改变泵的材质、密封形式和增加冷却系统，可远距离输送热水、油类、腐蚀性介质等。

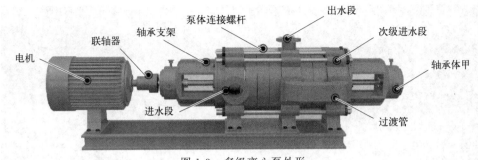

图 1-3　多级离心泵外形

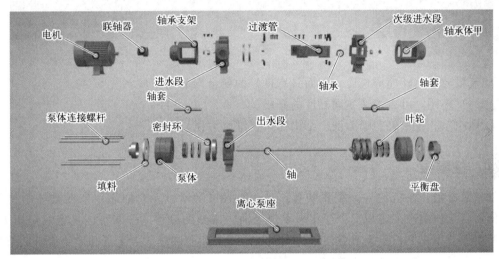

图 1-4　多级离心泵组件示意

1.1.3　螺杆泵

螺杆泵是容积式转子泵，外形如图 1-5 所示，它依靠螺杆和衬套形成的密封腔的容积变化来吸入和排出液体，它的最大特点是对介质的适应性强、流量平稳、压力脉动小、自吸能力强，常用于输送黏稠介质。其组件如图 1-6 所示。螺杆泵的结构和工作特性与离心泵、叶片泵、齿轮泵相比具有以下诸多优点：

① 流量均匀，压力稳定，低转速时更为明显。

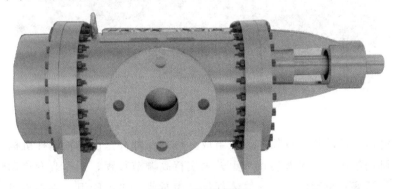

图 1-5　螺杆泵外形

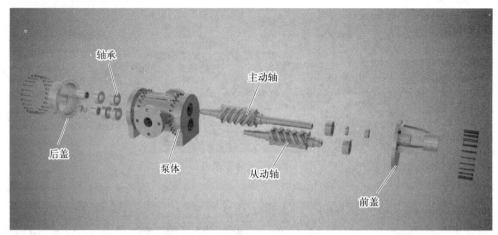

图 1-6　螺杆泵组件示意

② 流量与泵的转速成正比，因而具有良好的变量调节性。

③ 一泵多用，可以输送不同黏度的介质。

④ 体积小、重量轻、噪声低、结构简单、维修方便。

1.1.4　柱塞泵

柱塞泵是液压系统的一个重要装置，外形如图 1-7 所示，它依靠柱塞在缸体中往复运动，使密封工作容腔的容积发生变化来实现吸油、压油的过程。柱塞泵因具有额定压力高、结构紧凑、效率高和流量调节方便等优点而被广泛应用于高压、大流量和需要流量调节的场合，如液压机、工程机械和船舶中。

图 1-7　柱塞泵外形

柱塞泵由电机、传动箱、缸体三部分组成。传动箱部件是由涡轮蜗杆机构、行程调节机构和曲柄连杆机构组成。通过旋转调节手轮来实行高调节行程，从而改变移动轴的偏心距来达到改变柱塞（活塞）行程的目的。缸体部件是由泵头、吸入阀组、排出阀组、柱塞和填料密封件组成。组件示意如图 1-8 所示。

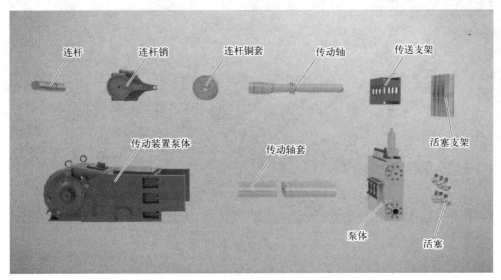

图 1-8　柱塞泵组件示意

1.1.5　旋涡泵

　　旋涡泵（图 1-9）是叶轮式泵的一种，在原理和结构方面与离心式泵和轴流式泵不一样，它是靠叶轮旋转时使液体产生运动而吸入和排出液体的，所以称为旋涡泵。旋涡泵的主要组成部件有叶轮、泵体、泵盖以及它们所组成的环形流道，组件情况如图 1-10 所示。旋涡泵叶轮不同于离心泵叶轮，它是一种外轮上有径向叶片的圆盘，液体由吸入管进入流道，并经过旋转的叶轮获得能量被输送排出，从而完成泵的工作过程。旋涡泵与其他类型的泵比较具有以下几个特点：

　　① 旋涡泵是结构简单的高扬程泵，与相同尺寸的离心泵比，它的扬程比离心泵高 2～4 倍；与相同扬程的容积式泵相比，它的尺寸要小得多，结构也要简单得多。

　　② 由于液体在流道内撞击损失，旋涡泵的效率很低，最高不超过 45%，通常为 15%～

图 1-9　旋涡泵外形

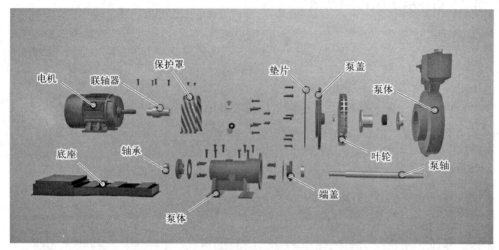

图 1-10　旋涡泵组件示意

40%。因此，它难做成大功率的泵，其功率一般不超过 30kW。

③ 大多数旋涡泵都具有自吸能力，有些旋涡泵还可以抽气或抽送气液混合物，这是一般离心泵无能为力的。

1.2　化工企业常见的阀

阀门是石油化工装置中使用十分广泛的控制部件，主要用于控制介质的流动，以达到控制装置各部位温度、压力、流量在设计的指标内，从而保证装置的最佳运行状态。同时，阀门也是石油化工装置中最容易产生介质泄漏的部件，阀门的泄漏既可能是内漏也可能是外漏。阀门的外漏既会污染环境又会增加介质的消耗，对于易燃易爆、有毒有害的介质，阀门产生的外漏还可能引起中毒、火灾、爆炸等安全事故；阀门内漏轻则引起操作困难，重则可能因无法控制工艺指标而导致装置停车。因此，阀门的选型和维护在石油化工装置的设计和使用中都显得非常重要。

阀门按结构、作用原理和用途的不同可进行分类，其中按结构可分为：闸阀、截止阀、球阀、蝶阀、旋塞阀、隔膜阀、止回阀、减压阀、安全阀、疏水阀等；按用途可分为关断用阀门、调节用阀门、保护用阀门等；按使用温度、压力或阀门的驱动形式分，还可将阀门细分成更多的类型。

1.2.1　闸阀

闸阀由手柄、阀杆、填料、阀盖、阀体、阀板组成，如图 1-11 所示。闸阀是指启闭体（阀板）由阀杆带动阀座密封面做升降运动的阀门，可接通、截断流体的通道。闸阀的启闭件是闸板，闸板的运动方向与流体方向相垂直，闸阀只能做全开和全关，不能做调节和节流。

闸阀结构复杂、尺寸较大、启闭时间较长，当阀门部分开启时，在闸板背面产生涡流易引起闸板的侵蚀和振动，也易损坏阀座密封面，修理起来比较困难。但闸阀密封性能较截止阀好，流体阻力小，开闭较省力。

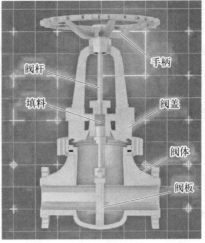

图 1-11　闸阀

1.2.2　截止阀

截止阀由手轮、阀杆、盘根盖、盘根、阀盖、阀体、阀瓣和密封座圈构成，如图 1-12 所示。截止阀属于强制密封式阀门，在阀门关闭时必须向阀施加压力以强制密封面不泄漏。当介质由阀瓣下方进入阀时，操作需要克服的阻力是阀杆和填料的摩擦力与由介质的压力所产生的推力。关阀门的力比开阀门的力大，所以阀杆的直径要大，否则会发生阀杆顶弯的故障。截止阀的优点是结构简单，制造和维修比较方便；工作行程小，启闭时间短；密封性好，密封面间摩擦力小，填料一般为石棉与石墨的混合物，故耐温等级较高。截止阀的缺点是流体阻力大，开启和关闭时所需力较大；不适用于带颗粒、黏度较大、易结焦的介质。选用时要注意进出口方向，一般 150mm 以下的截止阀，介质大都从阀瓣下方流入；200mm以上的截止阀介质从阀瓣上方流入。

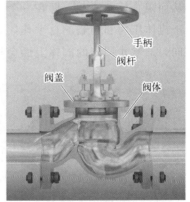

图 1-12　截止阀

1.2.3　球阀

球阀由阀座、阀芯球、阀杆、阀体几部分组成，如图 1-13 所示。球阀和闸阀同属一类阀门,区别在于球阀的启闭件是一个有孔的球体,球体绕垂直于流体通道的轴线旋转,使球体的孔道与介质流道的吻合程度不断改变来达到启闭通道的目的。当球体的孔道与介质流道达到最大吻合程度时流道完全畅通;当局部吻合时,流道部分畅通;而完全不吻合时,介质的流道被球体完全封闭。球阀在管路中主要用来做切断、分配和改变介质的流动方向,它具有以下优点:

① 结构简单、体积小、重量轻,维修方便。

② 流体阻力小,球体和阀座的密封面与介质隔离,不易引起阀门密封面的侵蚀。

③ 适用范围广,直径从几毫米到几米,从高真空至高压力都可应用。

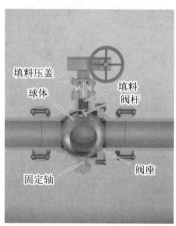

图 1-13　球阀

1.2.4　止回阀

止回阀又叫单向阀,一般由固定臂、阀瓣和摆臂组成,如图 1-14 所示。止回阀是依靠介质本身流动来实现阀瓣的自动开、闭,从而防止介质倒流。止回阀的作用是只允许介质向一个方向流动,从而阻止反向流动,即在一个方向流动的流体压力作用下阀瓣打开,流体反方向流动时,由于流体压力和阀瓣的自重作用,从而切断介质流动。由于止回阀的单向性,安装时要注意方向,通常止回阀的阀体上面会标注"箭头",该箭头的指向为推荐的承压方

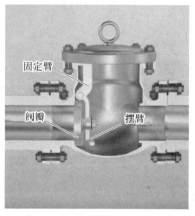

图 1-14　止回阀

向，即介质的流向应与箭头指向一致。

1.2.5　安全阀

安全阀由阀罩、抬杆、销轴和销子、手柄、阀盖、弹簧、铅封、支架、齿轮调整销、阀体组成，如图 1-15 所示。安全阀是启闭件受外力作用下处于常闭状态，当设备或管道内的介质压力升高超过规定值时，通过向系统外排放介质来防止管道或设备内介质压力超过规定数值的特殊阀门，当压力恢复到安全值后，阀门再自行关闭以阻止介质继续流出。

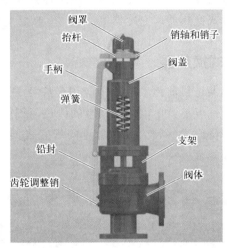

图 1-15　安全阀

安全阀属于自动阀类，主要用于锅炉、压力容器和管道上，控制压力不超过规定值，对人身安全和设备运行起重要保护作用。

此外，安全阀和起跳过的安全阀必须经过定压才能使用，生产装置的安全阀每年至少定压一次。

1.2.6　调节阀

调节阀又名控制阀，如图 1-16 所示。在工业自动化过程控制领域中，调节阀是通过接受调节控制单元输出的控制信号，借助动力操作去改变介质流量、压力、温度液位等工艺参

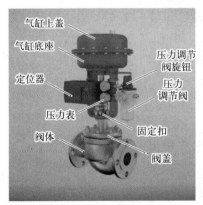
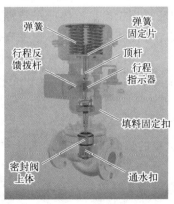

图 1-16　气动调节阀

数的最终控制元件。调节阀适用于空气、水、蒸汽、各种腐蚀性介质、油品等。

调节阀常用分类：气动调节阀、电动调节阀、液动调节阀、自力式调节阀。

1.3 化工企业常见的换热器

换热器是用于将一温度高的热流体的热量传给另一温度低的冷流体的设备，两种温度不同的流体通过热交换，使一种流体降温，而另一种流体升温，以满足生产工艺要求及热量回收需求。换热器主要是以热传导和热对流两种方式进行换热，化工企业中常见的换热器有管壳式换热器、板式换热器、空冷器等。

1.3.1 管壳式换热器

管壳式换热器是目前化工生产中应用最广泛的传热设备，如图 1-17 所示。与其他换热器相比，其主要优点是：单位体积具有的传热面积较大以及传热效果较好，结构简单，制造材料范围较广，操作弹性较大等。常见的管壳式换热器有固定管板式换热器、浮头式换热器、U 形管式换热器。

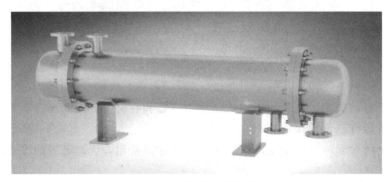

图 1-17　管壳式换热器

（1）固定管板式换热器

固定管板式换热器的两端管板均与壳体固定在一起，结构简单，造价低，但当管子与壳体温差很大时，由于各自的膨胀量不同会产生较大的热应力，甚至会破坏管子与管板的连接造成泄漏，所以它适用于冷热流体的平均温差不超过 60℃ 的场合。带热膨胀节的改进型固定管板式换热器是在壳体上装有波形膨胀节，可补偿部分热膨胀量，以减少由于管、壳程温差引起的热应力，但当波形膨胀节管壁较厚时作用不明显，所以这种形式的换热器主要用于管、壳程流体温差不大、压力较低（如壳程压力小于 0.6~1.0MPa）的场合。其结构如图 1-18 所示。

固定管板式换热器的缺点是：

① 壳体和管壁的温差不能太大，壳体和管子壁温差 $t \leqslant 50℃$，当 $t \geqslant 50℃$ 时必须在壳体上设置膨胀节。

② 易产生温差应力，管板与管头之间易产生温差应力而损坏。

③ 壳程无法机械清洗，管程不能抽芯，要现场清洗或整台设备拆走清洗。

④ 管子腐蚀后连同壳体报废，设备寿命较低。

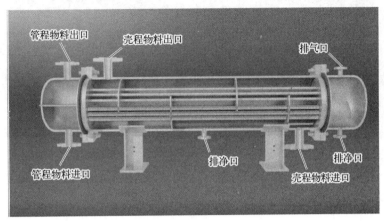

图 1-18　固定管板式换热器

（2）浮头式换热器

浮头式换热器的管束一端的管板与壳体固定在一起，另一端（浮头）可在壳体内自由滑动，这样就不受冷热流体温差限制。此外，检修时整个管束可以从壳体抽出，清洗和换管较方便，对流体也没有限制。浮头式换热器比固定管板式换热器结构复杂，而且增加了重量和造价，且小浮头端容易泄漏，但由于炼油厂中换热过程大多是在较高温差和压力下进行的，故浮头式换热器被广泛应用。其结构如图 1-19 所示。

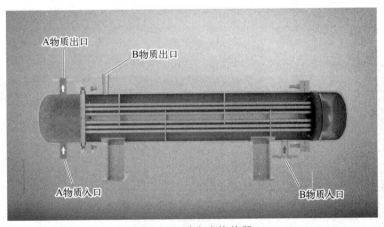

图 1-19　浮头式换热器

（3）U 形管式换热器

U 形管式换热器的一个管板固定在管箱和壳体之间，另一端没有管板，可以在壳体内自由伸缩而与外壳无关，U 形管可以从壳体内抽出清洗，但管子内壁在 U 形弯头处不易清洗，管子更换困难，主要适用于管内流体压力较高，且流体清洁的场合。此外，由于管束中心部分存在空隙，所以流体容易走短路，影响传热效果。U 形管的弯管部分曲率不同，管子长度不一，因而物料分布不如固定管板式换热器均匀。其结构如图 1-20所示。

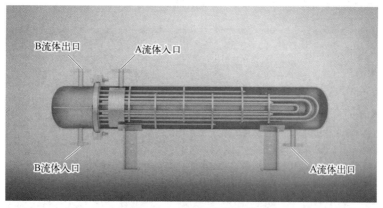

图 1-20　U 形管式换热器

1.3.2　板式换热器

板式换热器是由一系列具有一定波纹形状的金属片叠装而成的一种新型高效换热器，各种板片之间形成薄矩形通道，通过板片进行热量交换。板式换热器是液-液、液-汽进行热交换的理想设备，它与常规的管壳式换热器相比，在相同的流动阻力和泵功率消耗情况下，其传热系数要高出很多（在相同压力损失情况下，其传热系数比管壳式换热器高 3～5 倍），热损失小、结构紧凑轻巧、占地面积小（约为管壳式换热器的 1/3）、安装清洗方便、使用寿命长等特点。其结构如图 1-21 所示。

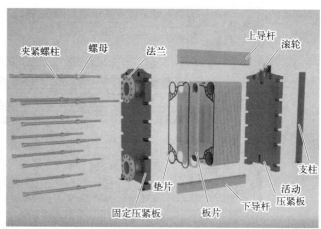

图 1-21　板式换热器

板式换热器的形式主要有框架式（可拆卸式）和钎焊式两大类，板片形式主要有人字形波纹板、水平平直波纹板和瘤形板片三种。

1.3.3　空冷器

空冷器全称为空气冷却器，是介质与空气进行热交换的一种换热器，如图 1-22 所示。热流体在管内流动，空气在管束外吹过，由于换热所需的通风量很大，而风压不高，故多采

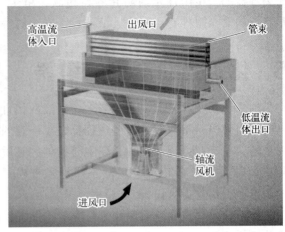

图 1-22 空冷器

用轴流式通风机。空冷器是炼油装置中水冷设备的替代产品,具有传热效率高、建造及操作费用低,能节约工业用水等优点,在缺水地区其优越性更为明显。为扩大空冷器的使用范围,20 世纪 60 年代出现了增湿式空冷器,即在管束前增加喷水装置,利用少量雾化水在翅片表面的蒸发作用显著地强化传热,其传热效能较干式提高 2～4 倍,增湿式空冷器已在炼油厂得到广泛应用。研制低接触热阻和高传热效能的翅片管、低电耗、低噪声的通风机是空冷器发展的关键。

1.4 化工企业常见的压力容器

压力容器是指盛装气体或者液体,承载一定压力的密闭设备,其范围规定为最高工作压力大于或者等于 0.1MPa(表压)的气体、液化气体和最高工作温度高于或者等于标准沸点的液体、容积大于或者等于 30L 且内直径(非圆形截面指截面内边界最大几何尺寸)大于或者等于 150mm 的固定式容器和移动式容器;盛装公称工作压力大于或者等于 0.2MPa(表压),且压力与容积的乘积大于或者等于 1.0MPa·L 的气体、液化气体和标准沸点等于或者低于 60℃液体的气瓶;氧舱。压力容器可按不同的标准分类,如图 1-23 所示。

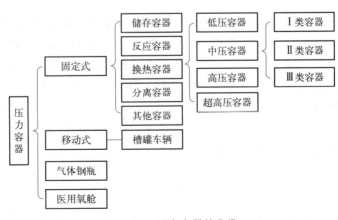

图 1-23 压力容器的分类

压力容器的安全附件是为防止容器超温、超压、超负荷而装设在设备上的一种安全装置。最常用的安全附件有压力表、液位计、安全阀等。

1.5　化工企业常见的塔器

在炼油、化工及轻工等工业生产中，气液两相直接接触进行传质传热的过程有很多，如精馏、吸收、解吸、萃取等。这些过程都是在一定的压力、温度、流量等工艺条件下，在设备内完成的。由于此过程中两种介质主要发生的是质的交换，所以也将实现这些过程的设备叫作传质设备。从外形上看这些设备都是竖直安装的圆筒形容器，且长径比较大，形如"塔"，故习惯上称其为塔设备。

塔设备能够为气液或液液两相进行充分接触提供适宜的条件，即充分的接触时间、分离空间和传质传热的面积，从而达到相际间质量和热量交换的目的，实现工艺所要求的生产过程。所以塔设备的性能对整个装置的产品产量、质量、生产能力和能量消耗，以及"三废"处理和环境保护方面都有重大的影响。塔设备可按不同的标准分类，如图1-24所示。

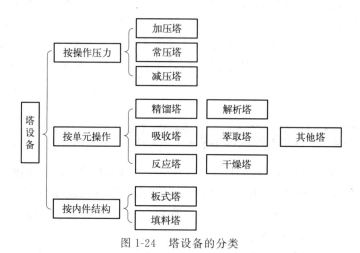

图1-24　塔设备的分类

1.5.1　板式塔

板式塔是一类用于气液或液液系统的分级接触传质设备，由圆筒形塔体和按一定间距水平装在塔内的若干塔板组成。塔内设有一层层相隔一定距离的塔盘，液体在重力作用下，自上而下依次流过各层塔盘至塔底排出；气体在压力差推动下，自下而上依次穿过各层塔板，至塔顶排出，气液两相在每层塔盘上通过密切接触而进行传质传热，两相的浓度呈阶梯变化，其结构如图1-25所示。

依照塔盘的结构形式，板式塔可分为圆泡帽塔、槽形塔盘塔、S形塔盘塔、浮阀塔、喷射塔、筛板塔等，板式塔常用作分馏塔和抽提塔。

1.5.2　填料塔

填料塔内充填有各种形式的填料，液体自上而下流动，在填料表面形成许多薄膜，自下

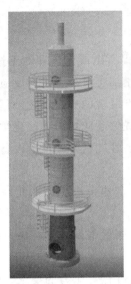
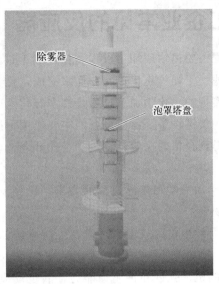

图 1-25　板式塔

而上的气体在经过填料空间时与液体具有较大的接触面积，以促进传质作用。填料塔的结构比板式塔简单，而填料的形式繁多，填料可分为乱堆填料和规整填料两大类。具有一定几何形状和尺寸的颗粒体，以随机的方式堆积在塔内的称为乱堆填料或颗粒填料。乱堆填料根据结构特点不同，又可分为环形填料、鞍形填料、环鞍形填料及球形填料等，填料塔的结构如图 1-26 所示。

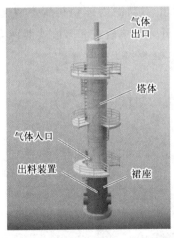
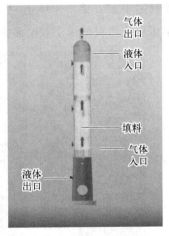

图 1-26　填料塔

规整填料是按一定的几何构形排列，整齐堆砌的填料。规整填料种类很多，根据其几何结构可分为格栅填料、波纹填料、脉冲填料等。填料塔广泛地应用在蒸馏、吸收和解吸操作，而在大型装置中，填料塔的使用范围正在扩大。目前，填料塔不仅可以大型化，而且在某些方面超过了板式塔的规模，填料塔的地位变得日益重要。

1.6 化工企业常见的反应器

化工生产过程主要由物理加工过程和化学加工过程所组成。物理加工过程可通过精馏、吸收、萃取、过滤、干燥等化工单元操作来完成，化学加工过程则是在反应设备内，通过一定的反应条件来实现的。化学加工过程是许多石化生产装置的核心工艺过程，所用的反应设备是各生产装置的关键设备。反应设备的主要作用是提供反应场所，使化学反应过程按照预定的方向进行，得到合格的反应产物。一个设计合理、性能良好的反应设备，应能满足以下要求：

① 应满足化学动力学和传递过程的要求，做到反应速率快、选择性好、转化率高、目的产品多、副产物少。

② 应能及时有效地输入或输出热量，维持系统的热量平衡，使反应过程在适宜的温度下进行。

③ 应有足够的机械强度和抗腐蚀能力，满足反应过程对压力的要求，保证设备经久耐用，生产安全可靠。

④ 应做到制造容易，安装检修方便，操作调节灵活，生产周期长。

常见的反应器分类方法是按结构进行分类的，可分为釜式反应器、管式反应器、塔式反应器、固定床反应器、移动床反应器、流化床反应器。其中，最后三种是石油化工生产过程中最常见的反应器。

1.6.1 固定床反应器

固定床反应器（图1-27）是指流体通过静止不动的固体物料所形成的床层而进行化学反应的设备，固定床反应器根据床层数的多少可分为单段式和多段式两种类型。单段式一般

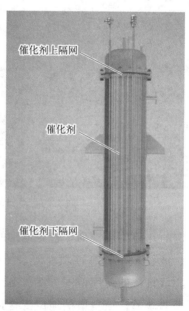

催化剂上隔网

催化剂

催化剂下隔网

图 1-27　固定床反应器

为高径比不大的圆筒体，在圆筒体下部装有栅板等板件，其上为催化剂床层，均匀地堆置一定厚度的催化剂固体颗粒，单段式固定床反应器的结构简单、造价便宜、反应器体积利用率高。多段式反应器是在圆筒体反应器内设有多个催化剂床层，在各床层之间可以采用多种方式进行反应物料的换热，其特点是便于调节反应温度，防止反应温度超出允许范围。固定床反应器使用最为广泛，催化剂不易磨损，催化剂在不失活的情况下可长期使用，主要适于加工固体杂质、油溶性金属含量少的油品。

1.6.2　移动床反应器

移动床反应器是用以实现气固相反应过程或液固相反应过程的反应器，在反应器顶部连续加入颗粒状或块状固体反应物或催化剂，随着反应的进行，固体物料逐渐下移，最后自底部连续卸出，流体则自下而上（或自上而下）通过固体床层进行反应。移动床反应器的优点是固体和流体的停留时间可以在较大范围内改变，返混较小，对固体物料性状以中等速度变化的反应过程也能适用。移动床反应器工作原理如图 1-28 所示。

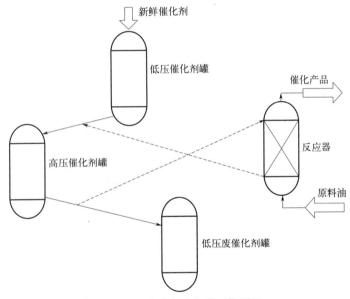

图 1-28　移动床反应器工作原理

1.6.3　流化床反应器

细小的固体颗粒被运动着的流体携带，具有像流体一样能自由流动的性质，此种现象称为固体的流态化。一般把反应器和在其中呈流态化的固体催化剂颗粒合在一起，称为流化床反应器。

流化床反应器多用于气固反应过程。当原料气通过反应器催化剂床层时，催化剂颗粒受气流作用而悬浮起来呈翻滚沸腾状，原料气在处于流态化的催化剂表面进行化学反应，此时的催化剂床层即为流化床，也叫沸腾床。

流化床反应器气固湍动、混合剧烈、传热效率高、床层内温度较均匀、避免了局部过热、反应速率快。流态化可使催化剂作为载热体使用，便于生产过程实现连续化、大型化和自动控制，但流化床使催化剂的磨损较大，对设备内壁的磨损也较严重，也易产生气固的返混，使反应转化率受到一定的影响。其结构如图 1-29 所示。

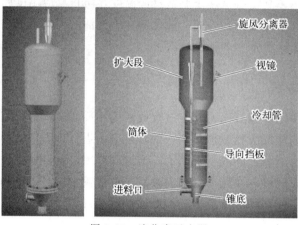

图 1-29　流化床反应器

第2章
化工管道系统及管道标识认知

　　管道系统由管道元件组成，用以输送、分配、混合、分离、排放、计量、控制或截止流体流动的管子、管件、法兰、螺栓连接、垫片、阀门和其他组成件或受压部件的装配总成。其中，管道元件系指连接或装配成管道系统的各种组成件的总称，包括管道组成件和管道支承件。管道组成件用于连接或装配成压力密封、内含流体的管道系统中的管道元件，包括管子、管件、法兰、垫片、紧固件、阀门、安全保护设施以及膨胀接头、挠性接头、耐压软管、疏水器、过滤器、管路中的仪表（如孔板）和分离器等。管件是指与管子一起构成管道系统本身的零部件的统称，包括弯头、弯管、三通、异径管、活接头、翻边短节、接管座、法兰、堵头、封头及活接头等。

　　石化企业管道标识的目的是便于工业管道内的物质识别，确保安全生产，避免在操作上、设备检修上发生误判。对管道进行可视化，可以预知管道内流体的名称，预知管道危险性，防止误操作、误碰设备，预防事故的发生，提高管道操作、维护的效率。图 2-1 为化工厂里的管道场景。

图 2-1　化工厂里的管道

2.1 化工管道系统

2.1.1 常见术语

（1）管道元件公称压力（PN） 由字母 PN 和无量纲整数数字组合而成，表示管道元件名义压力等级的一种标记方法。

（2）管道元件公称尺寸（DN） 由字母 DN 和无量纲整数数字组合而成，表示管道元件规格名义尺寸的一种标记方法。

（3）工业金属管道 采用金属管道元件配制而成的，在生产装置间用于输送工艺介质的工艺管道、公用工程管道及其他辅助管道。

（4）压力管道 用于输送压力大于或者等于 0.1MPa（表压）的气体、液化气体、蒸气介质或者可燃、易爆、有毒、有腐蚀性、最高工作温度高于或者等于标准沸点的液体介质，且公称尺寸大于 25mm 的管道。

（5）管道支承件 将管道的自重、输送流体的重量、由于操作压力和温差所造成的荷载以及振动、风力、地震、雪载、冲击和位移应变引起的荷载等传递到管架结构上去的管道元件。包括管道安装件和附着件。

（6）安装件 将负荷从管子或管道附着件上传递到支承结构或设备上的管道元件。包括吊杆、弹簧支吊架、斜拉杆、平衡锤、松紧螺栓、支撑杆、链条、导轨、锚固件、鞍座、垫板、滚柱、托座和滑动支架等。

（7）附着件 用焊接、螺栓连接或夹紧等方法附装在管子上的零件。包括管吊、吊（支）耳、圆环、夹子、吊夹、紧固夹板和裙式管座等。

（8）斜接弯头（虾米腰弯头） 由梯形管段或钢板焊接制成，具有与管子纵轴线不相垂直斜接而形似虾米腰的弯头。

（9）管道加工 管道装配前的预制工作。包括切割、螺纹成形、开坡口、成型、弯曲、焊接等。

（10）热弯 温度高于金属临界点 Ac_1 时的弯管操作。

（11）冷弯 温度低于金属临界点 Ac_1 时的弯管操作。

（12）热态紧固 防止管道在工作温度下，因受热膨胀导致可拆连接处泄漏而进行的紧固操作。

（13）冷态紧固 防止管道在工作温度下，因冷缩导致可拆连接处泄漏而进行的紧固操作。

（14）压力试验 以液体或气体为介质，对管道逐步加压，达到规定的压力，以检验管道强度和严密性的试验。

（15）泄漏性试验 以气体为介质，在设计压力下，采用发泡剂、显色剂、气体分子感测仪或其他手段等检查管道系统中泄漏点的试验。

（16）复位 已安装合格的管道，拆开后重新恢复原有状态的过程。

（17）轴测图 将管道按照轴测投影的方法，绘制以单线表示的管道空视图。

（18）自由管段 在管道预制过程中，按照单线图选择确定的可以先行加工的管段。

（19）封闭管段 在管道预制过程中，按照单线图选择确定的、经实测安装尺寸后进行加工的管段。

2.1.2　常见符号

$[\sigma]_1$——试验温度下，管材的许用应力；

$[\sigma]_2$——设计温度下，管材的许用应力；

D——管子外径；

D_2——弯管褶皱凸出处外径；

D_3——弯管褶皱凹进处外径；

D_4——弯管相邻褶皱凸出处外径；

p——设计压力（表压）；

p_s——试验压力（表压）；

S——插管与外壳挡圈间的安装剩余收缩量；

S_0——补偿器的最大行程；

t——管材厚度；

t_1——补偿器安装时的环境温度；

t_2——管道内介质的最高设计温度；

t_d——直管设计壁厚；

t_0——室外最低设计温度；

T——设计温度；

b——支管名义厚度；

h——主管名义厚度；

r——补强圈或鞍形补强件的名义厚度。

2.1.3　管道分类分级

根据《特种设备生产和充装单位许可规则》（TSG 07—2019），管道分类分级如表 2-1 所示。

表 2-1　管道分类分级表

类别	名称	等级	说明
GA 类	长输管道	GA1 级	(1)设计压力大于或等于 4.0MPa(G)的长输输气管道； (2)设计压力大于或等于 6.3MPa(G)的长输输油管道
		GA2 级	GA1 级以外的长输(油气)管道，GA1 级覆盖 GA2 级
GB 类	公用管道	GB1 级	燃气管道
		GB2 级	热力管道
GC 类	工业管道	GC1 级	(1)输送《危险化学品目录》中规定的毒性程度为急性毒性类别 1 介质、急性毒性类别 2 气体介质和工作温度高于其标准沸点的急性毒性类别 2 液体介质的工艺管道； (2)输送 GB 50160《石油化工企业设计防火标准》及 GB 50016《建筑设计防火规范》中规定的火灾危险性为甲、乙类可燃气体或甲类可燃液体(包括液化烃)，并且设计压力 $p \geqslant 4.0$MPa(G)的工艺管道； (3)输送流体介质并且设计压力 $p \geqslant 10.0$MPa(G)，或者设计压力 $p \geqslant 4.0$MPa(G)，并且设计温度 $T \geqslant 400$℃的工艺管道

类别	名称	等级	说明
GC 类	工业管道	GC2 级	(1)GC1 级以外的工艺管道； (2)制冷管道
GCD 类	动力管道	—	—

2.1.4　管道等级表说明

管道等级表是指根据管道的尺寸、厚度、材质等因素分类，以便更好地进行选择和使用。管道等级标准包括美国标准、欧洲标准、日本标准等多种类型，每种标准又根据不同的材质和用途划分出了不同的等级。

美国标准的管道等级表主要有三类：管件压力等级表、阀门压力等级表、管道压力等级表。其中，管件压力等级表指的是对各种类型的管件的压力承受能力进行分类，通常分为 150LB、300LB、600LB、900LB、1500LB、2500LB 六个等级。阀门压力等级表则是对各种类型阀门的压力承受能力进行分类，通常分为 150LB、300LB、600LB、900LB、1500LB、2500LB 六个等级。管道压力等级表则是对各种材质的管道的压力承受能力进行分类，通常分为 150LB、300LB、400LB、600LB、900LB、1500LB、2500LB 七个等级。

欧洲标准的管道等级表也有多种分类方法，但其等级表一般比美国标准少，而且相对更细致。例如，EN 1092 标准就规定了不同类型管件的压力等级，包括 PN2.5、PN6、PN10、PN16、PN25、PN40、PN63、PN100、PN160 和 PN250 等。而在 EN 12516 标准中，阀门的压力等级分别为 PN2.5、PN6、PN10、PN16、PN25、PN40、PN63、PN100 和 PN160 等。

日本标准的管道等级表也比较齐全，其主要的分类方法是按使用的介质分类（液体、气体、蒸汽、蒸发管等）。不同材质的管道等级也有所不同，例如，碳钢管的等级表分别为 10K、20K、30K、40K、50K、63K、80K、100K、125K、150K、175K、200K、250K、300K、350K、400K 和 450K 等。

需要注意的是，在选择和使用管道时，不仅要考虑其管道等级，还要考虑其他因素，例如温度、压力、介质性质、管道的连接方式等。只有综合考虑这些因素，才能选择出最适合的管道，并确保其正常运行和使用。

（1）管道等级代号举例说明

<u>2</u>　　<u>C</u>　　<u>3</u>　　<u>S2</u>　　<u>R</u>
①　　②　　③　　④　　⑤

其中：

① 法兰压力等级/法兰等级；

② 管道材料；

③ 序号；

④ 腐蚀裕量；

⑤ 热处理要求。

（2）**热处理要求**

N——无应力消除要求（可以省略）；

R——有应力消除要求；

A——管道壁厚超过 19mm 时做应力消除；

B——振动临氢管道要求做应力消除；

C——需要稳定化热处理；

D——当 $T < -100℃$ 时，应按 NB/T 47014 进行焊缝金属的低温夏比（V 型缺口）冲击试验。

2.1.5　管道布置的基本原则

在决定管道布置时，应尽量满足以下要求：

（1）应符合有关的标准，如 SH 3012《石油化工金属管道布置设计规范》等；

（2）应符合管道及仪表流程图（PID）的要求；

（3）管道尽可能架空或地上敷设，如确有需要方可埋地或在管沟内敷设；

（4）管道布置应统筹规划做到安全可靠、经济合理、整齐美观，并满足施工、操作、维修等方面的要求；

（5）管道等级分界；

（6）对于易结焦管道应考虑防结焦及清焦措施；

（7）考虑支架位置，路线尽量短，尽量减少管材的使用；

（8）对于需要分期施工的工程，其管道的布置设计应统一规划，力求做到施工、生产、维修互不影响。

2.1.6　管道的设计温度及设计压力

管系的设计温度与设计压力的确定原则如下。

（1）管系的设计温度取与其相接的设备的设计温度。

（2）管系的设计压力取以下压力的最高者：

① 与管系连接的设备的设计压力；

② 保护管系的安全阀的设定压力；

③ 当离心泵出口管道考虑切断时，设计压力为泵的正常吸入压力加上泵进出口额定压差的 1.2 倍与泵的最大吸入压力加上泵进出口压差的最大值；

④ 往复泵出口管道上安全阀的设定压力。

（3）真空管道应按受外压设计，当装有安全控制装置时，设计压力应取最大内外压差的 1.25 倍或 0.1MPa 两者中的较小值；无安全控制装置时，设计压力应取 0.1MPa。

（4）夹套管内管设计压力　当内管介质压力大于夹套内介质压力时，按内管介质压力确定；当内管介质压力小于夹套内介质压力时，按承受外压设计，设计压力按夹套内介质压力确定；夹套外管设计压力按夹套内介质压力确定。

2.1.7　配管的一般要求

（1）管道间距

① 在管架上的管道，管外表面的净距不应小于 50mm；法兰外缘与邻管外表面的净距不应小于 25mm。

② 在管沟内的管道，管外表面的净距不应小于 80mm；法兰外缘与邻管外表面的净距不应小于 50mm。

③ 管子外表面或隔热层外表面与构筑物、建筑物（柱、梁、墙等）的最小净距不应小于 100mm；法兰外缘与构筑物、建筑物的最小净距不应小于 50mm。

④ 阀门手轮外缘之间及手轮外缘与构筑物建筑物之间的净距不应小于 100mm。

（2）管道的吹扫　管道吹扫应按工艺管道及仪表流程图（PID）的要求进行设置，吹扫点应靠近被吹扫管道，并不宜出现死角或袋形管。

（3）排液与放气

① 工艺过程需要的管道排液或放气应按工艺管道及仪表流程图的要求进行安装，由于管道布置形成的高点或低点，应根据操作、维修等的需要设置放气管、排液管或切断阀。

② 对于高压、极度及高度危害介质的管道应设双阀，当设置单阀时，应加盲板或法兰盖。

③ 设备上或管道上的放空管口、应高出邻近操作平台面 2m 以上。

④ 紧靠建筑物、构筑物或其内部布置的设备或管道的放空口，应高出建筑物、构筑物 2m 以上。

（4）管道坡度　架空敷设的放空总管及埋地敷设的重力流管道（如含油污水管道、污油管道）应坡向放空分液罐或污油（水）回收设施，其坡度应满足工艺要求，当工艺无特殊要求时坡度应符合下列规定。

放空总管：坡度不小于 0.2%；

埋地管道：坡度不小于 0.3%。

（5）阀门布置

① 阀门应设在容易接近、便于操作、维修的地方。成排管道（如进出装置管道）上的阀门应集中布置，必要时可设置操作平台及梯子。

② 水平管道上的阀门，阀杆方向可按下列顺序确定：垂直向上；水平；向上倾斜 45°；向下倾斜 45°；不允许垂直向下。

③ 塔、反应器、立式容器等设备底部管道上的阀门，不得布置在裙座内。

④ 安全阀应直立安装并靠近被保护设备或管道，如不能靠近布置，则从保护的设备到安全阀入口的管道压头总损失，不应超过该阀定压值的 3%。安全阀入口管道应采用长半径弯头。

⑤ 安全阀的出口应高于放空总管，且出口管道不得有袋形。

⑥ 安全阀向大气排放时，要注意其排出口不能朝向设备、平台、梯子、电缆等，如放空端部比安全阀高，在出口管的最下部设 $\phi6mm$ 的泪孔。

⑦ 有热伸长管道上的调节阀组的支架，两个支架中应有一个是固定支架，另一个是滑动支架。

⑧ 升降式止回阀应装在水平管道上。立式升降式止回阀可安装在管内介质自下而上流动的垂直管道上；旋启式止回阀应优先安装在水平管道上，也可安装在管内介质自下而上流动的垂直管道上。

2.2　法兰基本知识

法兰是轴与轴之间相互连接的零件，用于管端之间的连接，也有用在设备进出口上的法兰，用于两个设备之间的连接，如图 2-2 所示。法兰连接是指由法兰、垫片及螺栓三者相互连接作为一组组合密封结构的可拆连接。管道法兰系指管道装置中配管用的法兰，用在设备上系指设备的进出口法兰。法兰上有孔眼，螺栓使两法兰紧连，法兰间用衬垫密封。法兰分螺纹连接（丝扣连接）法兰、焊接法兰和卡夹法兰。法兰都是成对使用的，低压管道可以使用丝扣连接法兰，4kg（约为 0.4MPa）以上压力的使用焊接法兰。两片法兰盘之间加上密封垫，然后用螺栓紧固，不同压力的法兰厚度不同，它们使用的螺栓也不同。

图 2-2　法兰部件图

拆装法兰涉及的三要素有法兰、垫片和螺栓。正确安装法兰组合件时，它们的作用是管道（设备）的两部分能够可拆卸地连接在一起，而其中的产品不会泄漏。

2.2.1　法兰的压力等级

法兰的低、中、高三个压力等级划分压力界限：

（1）低压管道　公称压力小于 2.5MPa；

（2）中压管道　公称压力 2.5～6.4MPa；

（3）高压管道　公称压力 10～100MPa；

（4）超高压管道　公称压力超过 100MPa。

国际上（包括国内）管法兰标准主要有两大标准体系，即欧洲体系（以 DIN 标准为代表）和美洲体系（以美国 ASME B16.5、B16.47 标准为代表）。同一体系内，各国的管法兰标准基本上是可以互相配用的（指连接尺寸和密封面尺寸），两种不同体系的法兰是不能互相配用的。

欧洲体系的法兰是以 200℃ 作为计算基准温度，压力等级分为：PN0.1、PN0.25、PN0.6、PN1.0、PN1.6、PN2.5、PN4.0、PN6.3、PN10.0、PN16.0、PN25.0、PN40.0。

美洲体系的法兰是以 450℃（对 150LB 级则是 300℃）作为计算基准温度，压力等级分为：PN2.0（150LB）、PN5.0（300LB）、PN6.8（400LB）、PN10.0（600LB）、PN15.0

（900LB）、PN25.0（1500LB）。

2.2.2 法兰的密封面

法兰密封面主要根据介质、温度、压力等工艺条件、公称直径及采用垫片类型等进行选择，常见法兰的密封面见表2-2。

表 2-2 法兰密封面分类表

分类	特点
全平面 （FF）	全平面密封适合于压力较小的场合（PN≤1.6MPa）
突面 （RF）	表面是一个光滑的平面，也可车制密纹水线。密封面结构简单，加工方便，且便于进行防腐衬里。但是，这种密封面垫片接触面积较大，预紧时垫片容易往两边挤，不易压紧。如图2-3所示
凹凸面 （MFM）	密封面是由一个凸面和一个凹面相配合组成，在凹面上放置垫片，能够防止垫片被挤出，故可适用于压力较高的场合
榫槽面 （TG）	密封面是由榫和槽所组成的，垫片置于槽中，不会被挤动。垫片可以较窄，因而压紧垫片所需的螺栓力也就相应较小，即使用于压力较高之处，螺栓尺寸也不致过大。因而，它比以上两种密封面均易获得良好的密封效果。密封面的缺点是结构与制造比较复杂，更换挤在槽中的垫片比较困难。此外，榫面部分容易损坏，在拆装或运输过程中应加以注意。榫槽密封面适于易燃、易爆、有毒的介质以及较高压力的场合。当压力不大时，即使直径较大，也能很好地密封
环连接面 （RJ）	环连接面主要用在带颈对焊法兰与整体法兰上，适用压力范围为：6.3MPa≤PN≤25.0MPa
其他类型 密封面	对于高压容器和高压管道的密封，密封面可采用锥形密封面或梯形槽密封面，它们分别与球面金属垫片（透镜垫片）和椭圆形或八角形截面的金属垫片配合。密封面可适用于压力较高的场合，但需要的尺寸精度和表面光洁度高，不易加工

图 2-3 RF 突面法兰

2.2.3 法兰的分类

法兰的分类方法较多，常见的分类方法有：按化工（HG）行业标准分、按石化（SH）行业标准分、按机械（JB）行业标准分、按国家（GB）标准分。其中，按石化（SH）行业标准分为螺纹法兰（PT）、对焊法兰（WN）、平焊法兰（SO）、承插焊法兰（SW）、松套法兰（LJ）、法兰盖（不标注）。

2.2.4　法兰的标识

一般法兰标识包括以下内容（以图 2-4 为例）：

① 标准，图中—ANSI，B16.5；

② 公称尺寸，图中—BL50；

③ 压力等级，图中—300LB（磅）；

④ 材质，图中—A105；

⑤ 厂家信息和其他编号。

图 2-4　法兰的标识

2.2.5　拆装法兰的注意事项

（1）拆法兰前一定要有合格的作业票。

（2）拆法兰前一定要注意检查管线中是否有压力和有毒介质，保证自己和周边人员的安全。

（3）施工过程中要保护好法兰密封面，回装前要仔细检查法兰密封面，确保法兰密封面无伤害。

（4）回装前要检查垫片、螺栓，确保垫片各个参数使用正确且无损伤，螺栓型号尺寸无误。

（5）紧固过程要严格按紧固程序的扭矩数据和紧固顺序进行紧固。

（6）最后重新检查一下以确保所有螺栓都对且都已经紧固完毕。

2.3　垫片基本知识

垫片密封是靠外力压紧密封垫片，使其本身发生弹性或塑性变形，以填满密封面上的微观凹凸不平来实现。也就是利用密封面上的比压使介质通过密封面的阻力大于密封面两侧的介质压力差来实现密封，如图 2-5 所示。

2.3.1　垫片的结构形式

工业上使用的平垫片一般由密封元件及内、外加强环组成，密封元件或称垫片本体是阻止泄漏的关键部分。其常用的材料有非金属材料，如柔性石墨、聚四氟乙烯、纤维增强橡胶基复合板等。

此外，密封元件材料也可以是刚性或柔性的金属，通常用于压力和温度较高的场合。对

图 2-5　工业垫片

于非金属材料的密封元件，通常插入金属材料予以增强，同时也方便了如石墨等易破碎材料密封元件的制造加工。增强材料可以是金属薄板或丝网，金属薄板常常采用冲刺孔的方式以提高增强效果和增加弹性，并通过黏结剂和辊压将它们贴合在一起。

密封元件也可以设一表面层或抗黏结处理层来增加密封效果和防止法兰密封面黏结。外加强环或外环材料均为实体金属，其作用是帮助密封元件安装时对中，防止密封元件过分压缩而破坏，防止垫片吹出和减少法兰转动等。外加强环不与密封介质接触，因此不要求耐介质腐蚀，故常常由碳钢材料制成。外加强环还可以与密封元件制成一体，例如金属齿形垫片、波齿复合垫片。内加强环或内环接触流体，其材料应能抵御密封介质的腐蚀。内加强环的作用是防止密封元件与容器或管道法兰之间的空隙，以避免此空隙干扰流体的流动以及由此引起的流体对垫片的冲蚀。

2.3.2　选用垫片的基本原则

（1）选用或订购垫片时应了解以下基本数据：
① 相配法兰的密封面形式和尺寸；
② 法兰及垫片的公称直径；
③ 法兰及垫片的公称压力；
④ 流体介质的温度；
⑤ 流体介质的性质。
（2）选用垫片时还应考虑以下因素：
① 有良好的压缩及回弹性能，能适应温度和压力的波动；
② 有良好的可塑性，能与法兰密封面很好地贴合。

2.4　管道标识认知

管道标识是企业目视化管理和安全生产标准化的要求。对管道的识别色、介质名称和流向等主要参数在管道表面进行目视化标注，通过识别色来确认管道内介质的危险特性，GB 7231 要求识别色必须做成色环，以便从不同角度都能识别该管道的危险特性，如大红色环表示高温对人体有烫伤危险，艳绿色环表示对人体无伤害。

介质名称和流向的目视化可以避免作业人员误操作，也可以保证在突发事件发生时，以最快的反应速度采取应急措施，从而减少更多安全事故的发生。

2.4.1 管道标识（管道色环）三要素

所有管道标识都必须注明识别色、介质名称和流向，这就是管道标识的基本三要素。有些管道还须注明压力、流速、温度等，危险化学品管道需要用专用危化品色环，消防管道还要注明消防专用等。

2.4.2 管理原则

（1）除表面采用陶瓷、塑料（含玻璃钢）、橡胶、有色金属、不锈钢等材料或表面已采用搪瓷、镀锌等处理的设备、管道宜保持其本色不应再刷表面色（但应粘贴或涂刷标志）外，其他设备和管道应刷表面色和涂刷（粘贴）标志。

（2）刷变色漆的设备和管道表面严禁再刷表面色，但可涂刷（粘贴）标志。

（3）塔、烟囱、火炬等高耸设备及钢结构，必须根据航空管理部门的要求，设置飞行障碍警示标志。

（4）设备及管道保温层外铝皮、不锈钢皮、镀锌铁皮可不刷表面色。

2.4.3 标志要求

（1）设备方面

① 标志统一以设备位号表示。

② 标志应刷在设备主视方向一侧的醒目部位或基础上。

③ 标志字体应为印刷体，字体高度宜符合表 2-3 规定。

表 2-3 设备位号字体高度规定

操作观察距离/m	字高/mm
2～5	100～150
5～10	150～300
10～25	300～500

④ 表面色和标志文字色要求见表 2-4。

表 2-4 设备表面色和标志文字色

序号	设备类别	表面色	标志文字色
1	静设备	银	大红 R03
2	罐区储罐	白	大红 R03
3	水罐	艳绿	大红 R03
4	工业炉	银	大红 R03
5	锅炉	银	大红 R03
6	输油臂	大红 R03	白

序号	设备类别		表面色	标志文字色
7	鹤管		银	大红 R03
8	机械设备①	泵	银	大红 R03
		电机	苹果绿 G01	
		压缩机、离心机	苹果绿 G01	
		风机	天（酞）蓝 PB09	
9	钢烟囱		银	—
10	火炬		银	—
11	联轴器防护罩		淡黄 Y06	—
12	消防设备		大红 R03	白

表面色的标志色文字后面的 R03、G01 等代号与 GB/T 3181 中对颜色的代号一致；
① 机械设备的表面色可为出厂色。

⑤ 电气、仪表设备的表面色和标志文字色见表 2-5。

表 2-5　电气、仪表设备的表面色和标志文字色

序号	名称	表面色	标志文字颜色
1	开关柜①、配电盘①	海灰 B05 或苹果绿 G01	大红 R03
2	变压器	海灰 B05	大红 R03
3	配电箱	海灰 B05	大红 R03
4	操作台①	海灰 B05 或苹果绿 G01	—
5	仪表盘①	海灰 B05 或苹果绿 G01	大红 R03
6	现场仪表箱	海灰 B05 或苹果绿 G01	大红 R03
7	盘装仪表	海灰 B05	大红 R03
8	就地仪表	海灰 B05	大红 R03
9	电缆架桥②、电缆槽②	海灰 B05	—

① 内表面为象牙色 Y04；
② 镀锌或铝合金表面可不涂漆。

（2）管道方面　管道包括物料管道、公用物料管道、排大气紧急放空管、消防管道、电气、仪表保护管道、仪表管道。管道、阀门表面色见表 2-6，管道标志色和文字色见表 2-7。

表 2-6　管道、阀门表面色

序号	名称		表面色
1	物料管道	一般物料	银
		酸、碱	紫 P02
2	公用物料管道	水	艳绿 G03
		污水	黑
		蒸汽	银
		空气及氧	天（酞）蓝 PB09
		氮	淡黄 Y06
		氨	淡黄 Y06

续表

序号	名称		表面色
3	消防管道		大红 R03
4	排大气紧急放空管		大红 R03
5	电气、仪表保护管		黑
6	气动信号管		天（酞）蓝 PB09
	仪表导压管		海灰 B05
	仪表伴热管		银
	仪表风管		天（酞）蓝 PB09
7	阀门阀体（非仪表阀）	灰铸铁、可锻铸铁	黑
		球墨铸件	银
		碳素钢	中灰 B02
		耐酸钢	海蓝 PB05
		合金钢	中（酞）蓝 PB04
8	阀门手轮、手柄（非仪表阀）	钢阀门	海蓝 PB05
		铸铁阀门	大红 R03
9	调节阀	阀体	银
		执行机构（气开）	苹果绿 G01
		执行机构（气关）	大红 R03
10	仪表阀门手轮、手柄	差压表的"＋"阀	大红 R03
		差压表的"－"阀、压力表阀	黑
11	安全阀		大红 R03
12	管道附件		银

阀门（不包括安全阀）和管道附件的表面色可为出厂色。

表 2-7　管道标志色和文字色

序号	物料		标志色	文字色
1	气体	可燃	淡黄 Y06	大红 R03
		非可燃	淡黄 Y06	黑
2	液体	可燃液体	棕 YR05	白
		非可燃液体①、无害液体①	—	—
3	酸碱	酸、有毒	桔黄 YR04	黑
		碱	紫 P02	白
4		水（消防水除外）	艳绿 G03	白
		污水	黑	白
		蒸汽	大红 R03	白
		空气	淡灰 B03	黑
5		氧气	淡（酞）蓝 PB06	白
6		消防管道②	大红 R03	白

① 对于非可燃液体或无害液体可无标志；
② 消防管道的文字应注明介质名称。

管道阀门处、分支处、设备进出口处以及跨越装置和系统边界处，及管道穿过楼板、墙等视线隔离物的两侧应粘贴（涂刷）标志。以下为标志样例（长方形的色块即为标志色，表示介质流向信息的箭头的颜色与文字色相同，标志色和文字色按相应的规定执行）。

（1）阀门处、系统边界处　阀门处、系统边界处标志见图 2-6。

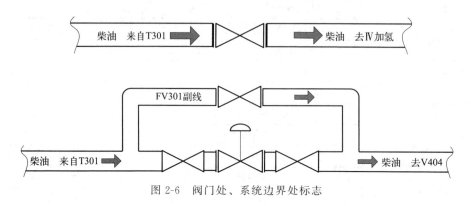

图 2-6　阀门处、系统边界处标志

（2）分支处　分支处标志见图 2-7。

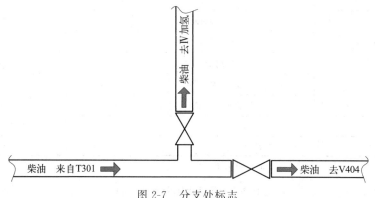

图 2-7　分支处标志

（3）设备进出口处　设备进出口处标志见图 2-8。

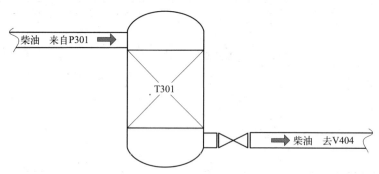

图 2-8　设备进出口处标志

字样可采用介质的中文名称或代号（英文字母），但同一装置或单元内的字样表示应一致。当介质为双向流动时，应采用双向箭头表示。字样和箭头应标志在主视方向一侧的适宜部位，排列规整。一般情况下，外径或保护层外径大于等于 150mm 的，用 250 号宋体（外径或保护层外径大于 300mm 的，字体可根据现场情况适当放大，但不超过 450 号）；外径或保护层外径大于等于 50mm 小于 150mm 的，用 130 号宋体；同管径上的字样和箭头大小应一致。对需标志管段较短的，正常字体无法标志时，可适当缩小字体。对外径或保护层外径小于 50mm 的，涂刷或粘贴标志有困难的，可采用挂牌等其他方式标志。装置内管道直管段的标志间隔不宜超过 20m，系统管廊上管道的标志间隔不宜超过 200m。

当标志色与表面色（表 2-8）相同时，可直接标注文字。含硫化氢（H_2S）≥100mg/L 的管道还应用色环标识进行警示。

表 2-8 钢架、平台及梯子表面色

序号	名称	表面色
1	梁、柱、斜撑、吊柱	蓝灰 PB08
2	铺板、踏板	蓝灰 PB08
3	栏杆(含立柱)、护栏、扶手	中黄 Y07
4	栏杆挡板	蓝灰 PB08
5	管架、管道支吊架	蓝灰 PB08
6	放空管塔架、避雷针的投光灯架、火炬架	银色

（1）色环标准 采用原管线颜色为基色，按照 3 黑 2 黄的间隔色环进行安全漆色标识，一般情况下，黑色环形色带宽 100mm，黄色带宽 300mm。如图 2-9 所示。

图 2-9 色环标识

（2）色环标示位置 机泵出入口处、管线与其他设备等连接处、管线拐角处、装置界区、临边道路等位置须设置色环标识，其他位置以"目视范围内可见"为准设置。

装置和系统所属装置要经常检查设备、管道、阀门及介质流向等标志，发现标志模糊不清应及时组织整改。各职能部门要将主管装置和系统及专业设备、管道、阀门及介质流向等标志纳入日常检查范围。由于标志不清而造成的操作、维护、检修事故，要追究管理责任。

第3章

常见仪表认知

　　一般用以检出、测量、观察、计算各物理量、物质成分、物性参数等的器具或设备统称为仪表，例如，流量计、压力表、温度表、数显仪等。还有具有自动化控制、报警、信号传递和数据处理等功能的仪表，例如，调节阀、压力开关等。仪表的发展经历了普通式、机械式、电子式、智能化等层次。随着微电子、微机械、智能和集成等先进技术的迅猛发展，以及新材料和新工艺的发现和采用，目前仪表正向着微型化、数字化、智能化、网络化和虚拟化等方向进一步发展。

　　一台完整的自动化仪表一般由以下三部分组成。

　　（1）检测元件　又称为敏感元件、传感器，它直接响应工艺变量，并转化成一个与之成对应关系的输出信号，称为一次仪表。

　　（2）显示装置　将检测到的被测变量转变为可以看到的刻度、数字或图形数据，称为二次仪表。

　　（3）变送装置　将检测到的被测变量转变为标准的电信号，以便于长距离传送或与其他仪表装置匹配，称为二次仪表。一般有电流信号，4～20mA（0～20mA、0～10mA）；电压信号，0～10V，1～5V。有些就地仪表，如普通压力表、普通温度表则不包括变送装置。

3.1　化工企业常见的流量计

　　流量是指单位时间内流过管道某一截面的流体的数量，即瞬时流量。瞬时流量在某一时段的累积量称为累积流量（总流量）。

　　流量通常有三种表示方法。

　　（1）质量流量　单位有 g/h、kg/h、t/h 等。

　　（2）工作状态下的体积流量　单位有 m^3/h、L/h、加仑/h 等。

　　（3）标准状态下的体积流量　单位有 m^3/h（标准状况下），是指在特定标准工况（温度 $0℃$，压力 101.325kPa）下的体积流量，在测量可压缩流体时的流量时常将其转为标准体积流量。标准流量常用于气体、蒸汽的测量。用于测量流量的仪表一般可分为三大类：速度式流量测量仪表、容积式流量测量仪表、质量式流量测量仪表。

3.1.1　转子流量计

　　转子流量计由两个部件组成，一是从下向上逐渐扩大的锥形管，二是置于锥形管中且可以沿管的中心线上下自由移动的转子。当流体自下而上流入锥管时，被转子截流，这样在转子上、下游之间产生压力差，转子在压力差的作用下上升，这时作用在转子上的力有三个，即流体对转子的动压力、转子在流体中的浮力和转子自身的重力，当这三个力达到平衡时，转子就平稳地浮在锥管内某一位置上。当流速变大或变小时，转子将做向上或向下的移动，相应位置的流动截面积也发生变化，直到流速稳定转子就在新的位置上稳定。对于一台给定的转子流量计，转子大小和形状已经确定，它在流体中的浮力和自身重力都是已知常量，唯有流体对浮子的动压力是随流速的大小而变化的，所以转子在锥管中的位置与流体流经锥管的流量的大小呈一一对应关系。

转子流量计常用有玻璃、金属两大类，结构包括三部分：测量、指示部分；变送部分；壳体、连接件。图 3-1 为一台玻璃转子流量计，测量部分为玻璃锥管，不锈钢或非金属浮子，通过直接观测浮子位置从刻度盘上读取流量。一般的玻璃转子流量计只具有就地显示功能，适用于对玻璃无腐蚀性、透明的气液体，耐压有一定局限，量程较小。

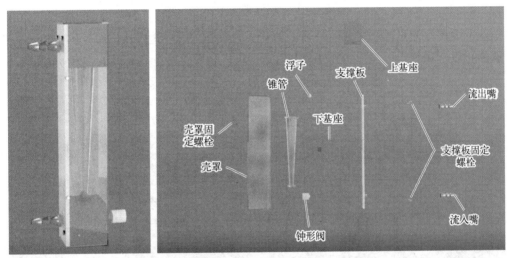

图 3-1　玻璃转子流量计

3.1.2　涡轮流量计

涡轮流量计（图 3-2）的工作原理：流体流经传感器壳体，由于叶轮的叶片与流向有一定的角度，流体的冲力使叶片具有转动力矩，克服摩擦力矩和流体阻力之后叶片旋转，在力矩平衡后转速稳定，在一定的条件下转速与流速成正比。由于叶片有导磁性，它处于信号检测器（由永久磁钢和线圈组成）的磁场中，旋转的叶片切割磁力线，周期性地改变着线圈的磁通量，从而使线圈两端感应出电脉冲信号，此信号经过放大器的放大整形，形成有一定幅度的连续的矩形脉冲波，可远传至显示仪表，显示出流体的瞬时流量和累计量。

3.1.3　电磁流量计

电磁流量计（图 3-3）是应用导电体在磁场中运动产生感应电动势，而感应电动势和流量大小成正比，通过测电动势来反映管道流量的原理而制成的。其测量精度和灵敏度都较

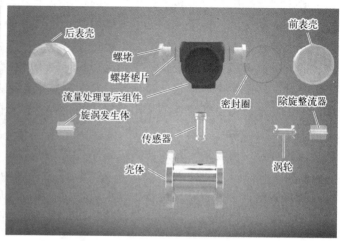

图 3-2　涡轮流量计

高，工业上多用以测量水、矿浆等介质的流量，可测管径最大达 2m，而且压损极小。但导电率低的介质，如气体、蒸汽等则不能应用。

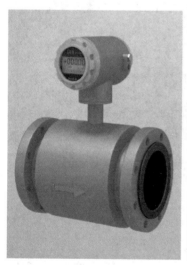
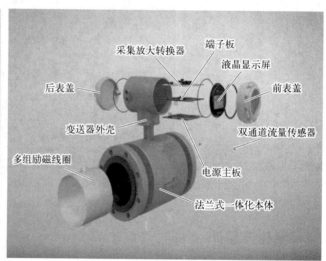

图 3-3　电磁流量计

电磁流量计在结构上由传感器和转换器两部分组成。传感器安装在生产过程工艺管道上感受流量信号，主要由测量管组件（非导磁高阻抗材料）、磁路系统、电极及干扰调整机构部分组成。转换器主要包括电子放大器、流量显示器和变送器，将传感器送来的流量信号进行放大，并转换成标准电信号，以便进行显示、计算和传送。一般情况下，传感器和转换器是一体的，但也有电磁流量计的转换器和传感器是分开的。

3.1.4　孔板流量计

孔板流量计（图 3-4）是石油化工等领域较为常见的流量计，是根据安装在管道中的孔板产生的压差、已知流体件与管道的几何尺寸来测量流量。它由孔板、压变送器和流量显示

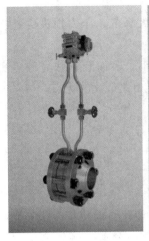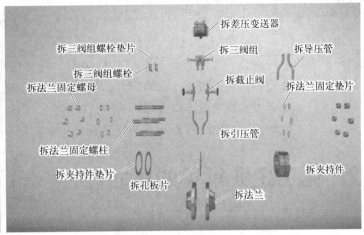

图 3-4　孔板流量计

仪器组成。当流体流经设置在管道中的节流件（孔板）时，流束将在节流处形成局部收缩，此时流速增大，静压降低，在孔板前后产生压差；流量越大，压差越大，因而可根据差压来衡量流量的大小，这种测量方法以流动连续性方程（质量守恒定律）和伯努利方程（能量守恒定律）为基础。

　　启动差压变送器时，先打开平衡阀，使正负压室连通，受压相同，然后再开两个切断阀，最后再关闭平衡阀，变送器即可投入运行；变送器停用时，应先打开平衡阀，然后再关闭两个切断阀。

3.1.5　文丘里流量计

　　文丘里流量计（图 3-5）是一种常用的测量有压管道流量的装置，属压差式流量计，常用于测量空气、天然气、煤气、水等流体的流量。它包括"收缩段""喉段""扩散段""入口段"四部分，安装在需要测定流量的管道上。内文丘里管由一圆形测量管和置入测量管内并与测量管同轴的特型芯体所构成。特型芯体的径向外表面具有与经典文丘里管内表面相

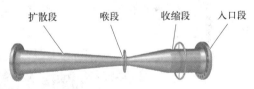

图 3-5　文丘里流量计

似的几何廓形，并与测量管内表面之间构成一个异径环形过流缝隙，流体流经内文丘里管的节流过程同流体流经经典文丘里管、环形孔板的节流过程基本相似。内文丘里管的这种结构特点，使之在使用过程中不存在类似孔板节流件的锐缘磨蚀与积污问题，并能对节流前管内流体速度分布梯度及可能存在的各种非轴对称速度分布进行有效的流动调整（整流），从而实现了高精确度与高稳定性的流量测量。

　　孔板流量计和文丘里流量计计量原理相同，都是借助管道内的节流装置使流体流束在节流处形成局部收缩，从而使流速增加，静压降低，在节流前后产生差压，通过测量差压来衡量天然气流过节流装置的流量大小，差别仅为节流件的不同，但文丘里流量计与孔板流量计相比主要有以下优点。

　　（1）精度高　文丘里流量计准确度等级可达 0.5 级，而目前广泛应用的孔板流量计准确

度等级为 1～1.5 级。

（2）压损小 文丘里管收缩和扩散段的作用使压力损失大大降低，压力损失为孔板的 1/5～1/3。

（3）耐磨损、寿命长 文丘里管的几何特性决定，其磨损小，表面经特殊处理后更耐磨、耐腐蚀，寿命很长，甚至可用于固液混合计量，这是与孔板相比最大的优点。

（4）维护量少 因文丘里管不像孔板需经常清洗和定期检查、更换，日常维护工作量大大减少。从以上流动特性对比中可看出，文丘里管比孔板有着明显的优势。

3.2 化工企业常见的压力计

压力测量仪表是用来测量气体或液体压力、真空和压差的工业化自动化仪表，又称压力表或压力计。根据其工作原理可分为：液柱式压力计（如 U 形管、直管、倾斜管压力计）；弹性式压力计（按其弹性元件又分为弹簧管压力计、膜片压力计、膜盒压力计、压力开关等）；传感式压力计（如电阻式、电容式、电感式、霍尔式压力计等）；还有精度较高通常用于校验标准压力表的活塞式压力计。

3.2.1 液柱式压力表

液柱式压力表是根据静力学原理，将被测压力转换成液柱高度来进行压力测量的。这类仪表包括 U 形管压差计（图 3-6）、单管压力计、倾斜管压力计等，U 形管压差计的构造如图 3-6 所示，是由两端开口的 U 形玻璃管，中间配有读数标尺所构成。使用时管内装有指示液，指示液要与被测流体不互溶，不起化学作用，且其密度 $\rho_指$ 应大于被测流体的密度 ρ。常用的测压指示液体有酒精、水、四氯化碳和水银。这类压力表的优点是结构简单、反应灵敏、测量准确。缺点是受到液体密度的限制，测压范围较窄，在压力剧烈波动时液柱不易稳定，而且对安装位置和方向有严格要求，一般仅用于测量低压和真空度，多在实验室中使用。

图 3-6 U 形管压差计

3.2.2 弹性式压力表

弹性式压力表是根据弹性元件受力变形的原理，将被测压力转换成元件的位移来测量压力的。常见的有弹簧管式压力表（图 3-7）、波纹管压力表、膜片（膜盒）式压力表。这类压力表结构简单、牢固耐用、价格便宜、工作可靠、测量范围宽，适用于低压、中压、高压多种生产场合，是工业中应用最广泛的一类压力测量仪表。不过弹性式压力表的测量精度不是很高，且多数采用机械指针输出，主要用于生产现场的就地指示。当需要信号远传时，必须配上附加装置。

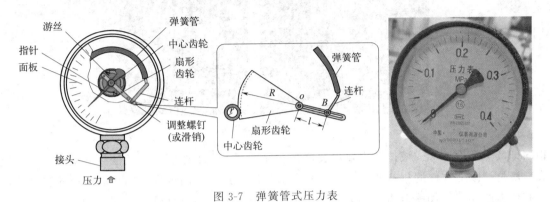

图 3-7 弹簧管式压力表

3.2.3 压力传感器和压力变送器

压力传感器和压力变送器是利用物体某些物理特性，通过不同的转换元件将被测压力转换成各种电量信号，并根据这些信号的变化来间接测量压力的。根据转换元件的不同，压力传感器和压力变送器可分为电阻式、电容式（图 3-8）、应变式、电感式、压电式、霍尔片等形式。这类压力测量仪表的最大特点就是输出信号易于远传，可以方便地与各种显示、记录和调节仪表配套使用，从而为压力集中监测和控制创造条件，因此，在生产过程自动化系统中被大量采用。

图 3-8 电容式压力传感器

3.3 化工企业常见的液位计

液位计主要测量塔器和槽、罐类容器内某种介质的液位或两种不同相对密度液体的界面及固体物料的料位。液位计中较为常见的是玻璃管液位计、玻璃板液位计、磁翻柱液位计、双法兰液位计、超声波液位计，其他还有差压式液位计和浮力式液位计（如浮球液位计、液位开关、浮筒液位计、浮标液位计、钢带液位计、储罐液位称重仪等）。用于固体物料料位检测的有电阻式料位计、电容式料位计、物位开关、重锤探测物位计、音叉料位计、放射性料位计等。

3.3.1 玻璃管液位计

玻璃管液位计（图 3-9）是基于连通器原理设计的，由玻璃管构成液体通路。通路经接管用法兰或锥管螺纹与被测容器连接构成连通器，透过玻璃管观察到的液面与容器内的液面

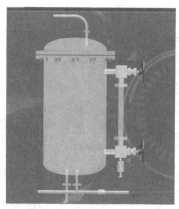

图 3-9　玻璃管液位计

相同即液位高度。管式液位计主要由玻璃管、保护套、上下阀门及连接法兰（或螺纹）等组成。液位计改变零件的材料或增加一些附属部件即可达到防腐或保温的功能。玻璃管液位计具有优良的性能（如耐高温、高压等），具有结构简单、经济实用、安装方便、工作可靠、使用寿命长等优点。作为基本的液位指示计，广泛运用在最简单液位测量场合和自动化程度不高的大型工程项目中液位的测量和监测。另外，玻璃板液位计与玻璃管液位计原理相同，不再赘述。

3.3.2　磁翻柱液位计

磁翻柱液位计也称为磁翻板液位计，它的结构主要基于浮力和磁力原理设计生产的。带有磁体的浮子（简称磁性浮子）在被测介质中的位置受浮力作用影响，液位的变化导致磁性浮子位置的变化。磁性浮子和磁翻柱（也称为磁翻板）的静磁力耦合作用导致磁翻柱翻转一定角度（磁翻柱表面涂敷不同的颜色），进而反映容器内液位的情况。

配合传感器（磁簧开关）和精密电子元器件等构成的电子模块和变送器模块，可以变送输出电阻值信号、电流值（4~20mA）信号、开关信号以及其他电学信号，从而实现现场观测和远程控制的结合。磁翻柱液位计（图 3-10）具有结构简单、使用方便、性能稳定、

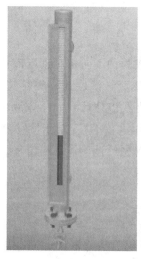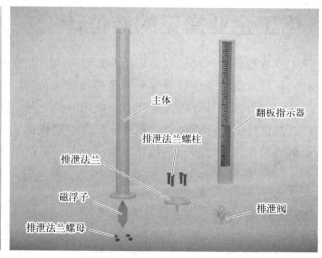

图 3-10　磁翻柱液位计

使用寿命长、便于安装维护等优点。磁翻柱液位计几乎可以适用于各种工业自动化过程控制中的液位测量与控制，可以广泛运用于石油加工、食品加工、化工、水处理、制药电力、造纸、冶金、船舶和锅炉等领域中的液位测量、控制与监测。

3.3.3　双法兰液位计

双法兰液位计（图 3-11）实质上是一种特殊取压的差压变送器，它是在差压变送器正、负室取压口上接上二条紫铜毛细管，末端是两个用不锈钢膜片封闭的、固定在安装法兰上的膜盒。膜盒与毛细管和差压变送器正、负压室的内部采用真空充填方法充硅油，而它们之间则用外套螺母、接管和接头紧密连接起来。在测量液位时，通过感压膜盒上的不锈钢波纹膜片感测的压力，由硅油传递至差压变送器正、负压室，此后的位移、转换等则完全与差压变送器相同。

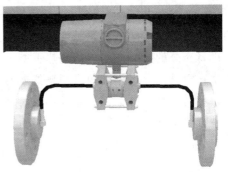

图 3-11　双法兰液位计

双法兰液位计选型的时候尤其要注意一个很重要的因素，就是差压式液位变送器，它是安装在液体容器的底部，通过表压信号来反映液位的高度。在制药、化工行业的液位测量的控制过程中，盛装液体的容器经常处于有压的情况下，此时常规的静压式液位变送器不能满足测量要求，由于在传感器电路和结构上的改进，提高了差压液位测量技术在制药和食品等行业的实用价值。

3.3.4　超声波液位计

超声波液位计（图 3-12）的原理是一次探头向被测介质表面发射超声波脉冲信号，超声波在传输过程中遇到被测介质（障碍物）后反射，反射回来的超声波信号通过电子模块检测，通过专用软件加以处理，分析发射超声波和回波的时间差，结合超声波的传播速度，可以精确计算出超声波传播的路程，进而可以反映出物体的情况。

超声波液位计可用于对蒸汽、灰尘、湿气的干扰自动补偿，除可应用于液体、固体，还

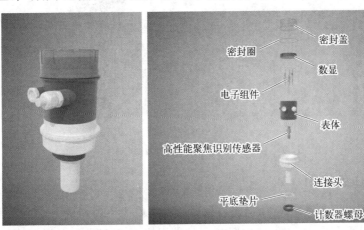

图 3-12　超声波液位计

可用于不间断料、液位控制，罐、贮槽、不间断料/液位测量。广泛应用于石油、化工、自来水、污水处理、水利、钢铁、煤矿、电力、交通以及食品加工等行业。

3.4　化工企业常见的温度计

温度是石油化工生产过程中重要的物理量，所要测量的温度范围也极为宽广，为测温准确，需要用各种不同的测量方法和测温仪表。温度测量仪表种类繁多，按测量方式的不同可分为接触式和非接触式两大类。前者感温元件与被测介质直接接触，后者的感温元件不与被测介质接触。接触式测温元件简单、可靠、测量精度较高，但由于测温元件要与被测介质接触进行充分的热交换才能达到热平衡，因而测温结果会产生滞后现象，而且可能与被测介质产生化学反应。而非接触式测温仪表不与被测介质接触，因而其测温范围很广，测温上限原则上不受限制。由于它是通过热辐射来测量温度的，所以不会破坏被测介质的温度场，但是这种方法受到被测介质至仪表之间的距离以及辐射通道上的水汽、烟雾、尘埃等其他介质的影响，因此测量精度较低。

3.4.1　双金属温度计

双金属温度计（图 3-13）是常见的接触式温度计，其原理是把两种线膨胀系数不同的金属组合在一起，一端固定，当温度变化时，两种金属热膨胀不同，带动指针偏转以指示温度。双金属温度计是一种测量中低温度的现场检测仪表，可以直接测量各种生产过程中的 −80～500℃ 范围内液体蒸气和气体介质温度。双金属温度计现场显示温度，直观方便且具有安全可靠，使用寿命长的优点。

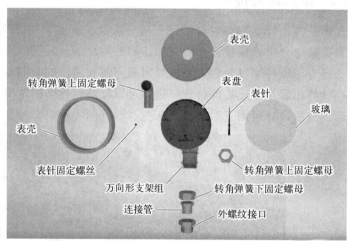

图 3-13　双金属温度计

3.4.2　PT100 热电阻

PT100 是铂热电阻，它的阻值会随着温度的变化而改变，如图 3-14 所示，PT 后的 100 即表示它在 0℃ 时阻值为 100Ω，它的阻值会随着温度上升而呈现近似匀速的增长，但他们之间的关系并不是简单的正比关系，而更应该趋近于一条抛物线，在 100℃时它的阻值约为 138.5Ω。常见的 PT100 感温元件有陶瓷元件、玻璃元件、云母元件，它们是由铂丝分别绕在陶瓷骨架、玻璃骨架、云母骨架上再经过复杂的工艺加工而成。PT100 热电阻测量准确度高、灵敏度高、可实现远传、自动记录和多点测量，在医疗、电机、工业、温度计算等方面应用非常之广泛。

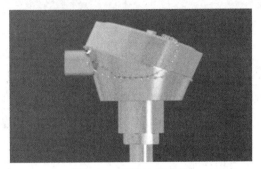

图 3-14　PT100 热电阻

3.4.3　热电偶温度计

热电偶温度计如图 3-15 所示。热电偶测温的基本原理是两种不同成分的材质导体组成闭合回路，当两端存在温度梯度时，回路中就会有电流通过，此时两端之间就存在热电动势，这就是所谓的塞贝克效应。两种不同成分的均质导体为热电极，温度较高的一端为工作端，温度较低的一端为自由端，自由端通常处于某个恒定的温度下，根据热电动势与温度的函数关系制成热电偶分度表。分度表是自由端温度在 0℃时的条件下得到的，不同的热电偶具有不同的分度表。在热电偶回路中接入第三种金属材料时，只要该材料两个接点的温度相同，热电偶所产生的热电势将保持不变，即不受第三种金属接入回路中的影响。因此，在热电偶测温时可接入测量仪表，测得热电动势即可知道被测介质温度。

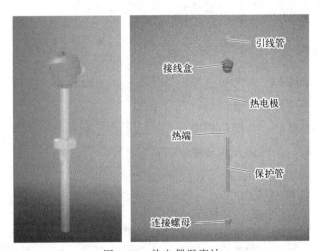

图 3-15　热电偶温度计

第4章

劳动保护认知

劳动防护用品（又称"个人防护用品"，简称劳保）是指通过采取阻隔、封闭、吸收、分散、悬浮等措施使劳动者在生产过程中为免遭或减轻事故伤害或职业危害的一种防护性装备，主要分为一般劳动防护用品和特种劳动防护用品。劳动防护用品是劳动者的主要防护措施，是作业人员生命健康的重要防线。因此劳动防护用品应严格保证质量，安全可靠，而且要兼顾穿戴舒适方便、经济耐用实惠。

4.1　劳保分类

4.1.1　按造成急性伤害的防护方式分

（1）势能转变为动能时，通过介质来吸收和缓冲的防护方式，如安全帽、安全带等。

（2）电能的绝缘防护，如绝缘手套。

（3）利用试剂将急性有害的化学能变为无害的防护方式，如急性有害气体的防毒面具。

（4）给操作人员输送新鲜空气的防护方式，如各种防毒面具。

（5）飞来物体和落体的防护，如安全帽、防护镜等。

4.1.2　按造成慢性伤害的防护方式分

（1）消除化学能的防护，如防护全身的防护服。

（2）吸收、降低噪声能量，如耳塞。

（3）辐射热能的屏蔽，如高温防护服。

（4）放射线的屏蔽，如防紫外线的遮光镜。

4.1.3　按保护人体部位分

（1）头部防护　塑料安全帽、V形安全帽、竹编安全帽、矿工安全帽。

（2）面部防护　头戴式电焊面罩、防酸有机面罩类面罩、防高温面罩。

（3）眼睛防护　防尘眼镜、防酸眼镜、防飞溅眼镜、防紫外线眼镜。

（4）呼吸道防护　防毒口罩、防毒面具、防尘口罩、氧（空）气呼吸。

（5）听力防护　防噪声耳塞、护耳罩、噪声阻抗器。

（6）手部防护　绝缘手套、耐酸碱手套、耐油手套、帆布手套、耐高温手套、防割手套。

（7）脚部防护　工矿靴、绝缘靴、耐酸碱靴、安全皮鞋、防砸皮鞋、耐油鞋。

（8）身躯防护　耐酸围裙、防尘围裙、工作服、雨衣。

（9）高空安全防护　高空悬挂安全带、电工安全带、安全绳、踩板、密目网。

图 4-1 是安全防护标识示意。

图 4-1　安全防护标识示意

4.2　劳保认知及用途

4.2.1　安全帽

安全帽的作用是保护头部不受到坠物和特定因素引起的伤害，由帽壳、帽衬、下颌带及其附件组成，如图 4-2(a) 所示。安全帽具有缓冲减震和分散应力作用（防止物体打击、防止高处坠落伤害头部、防止机械性伤害），在受到外力的冲击后最大程度地保护头部不受伤害。图 4-2(b) 是安全帽的错误用法示例。

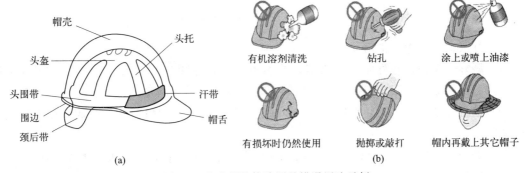

图 4-2　安全帽的构造图及错误用法示例

要掌握安全帽正确的使用方法，才能最大限度地发挥安全帽的防护作用，缓冲衬垫的松紧由带子调节，人的头顶和帽体内顶部的空间至少要有 32mm 才能使用。使用时不要将安全帽歪戴在脑后，否则会降低对冲击的防护作用。安全帽带要系紧，防止因松动而降低抗冲能力。安全帽要定期检查，发现帽子有龟裂、下凹、裂痕或严重磨损等，应立即更换。

4.2.2 呼吸防护用品

呼吸防护用品是为保护佩戴者的呼吸系统，阻止粉尘或烟或气体、蒸气、微生物的吸入，防止职业危害的个体防护装备。按防护用途分为防尘、防毒和供氧三类。按作用原理分为净化式、隔绝式两类。呼吸护具的具体类别有：净气式呼吸护具、自吸过滤式防尘口罩、简易防尘口罩、复式防尘口罩、过滤式防毒面具、导管式防毒面具、直接式防毒面具、电动送风呼吸护具、过滤式自救器、隔绝式呼吸护具、供气式呼吸护具、携气式呼吸护具、氧气呼吸器、空气呼吸器、生氧面具、隔绝式自救器、密合型半面罩、密合型全面罩、滤尘器件、生氧罐、滤毒罐、滤毒盒等。

正压式空气呼吸器作为石化企业中常见的防护用品，在此着重加以介绍。正压式空气呼吸器通常由高压空气瓶、供气阀组件、减压器组件、压力显示组件、面罩组件等部件组成，如图 4-3 所示。使用正压式空气呼吸器时，压缩空气经调节阀由瓶中流出，通过减压装置将压力减到适宜的压力供佩戴者使用，人体呼出的气体从呼气阀排出。

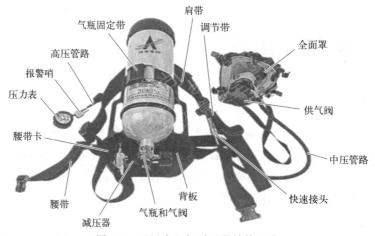

图 4-3　正压式空气呼吸器结构组成

空气呼吸器使用操作指南如下。

（1）戴好安全帽，背好空气呼吸器，收紧肩带，扣好腰带并收紧，摁压供气阀复位按钮，确认旁通阀处于关闭状态；打开气瓶阀门，检查压力是否满足即将要进行的工作需要。

（2）放松安全帽帽带，往后推离头顶，戴上面罩，深吸一口气激活供气阀，戴上安全帽并收紧帽带。

（3）关闭气瓶阀，屏气 10s，面罩密封面应无空气外泄声音，压力表读数无下降。

（4）缓慢呼吸系统内空气，观察压力表读数降至（5.5MPa±0.5MPa）时，低压报警哨应发出清晰的报警声。

（5）打开气瓶阀门，打开供气阀的旁通阀，确认有稳定的气流进入面罩后关闭旁通阀；此时，空气呼吸器投用前测试、佩戴完成，处于正常投用状态。

（6）使用结束准备卸下呼吸器时，先屏住呼吸，然后摁下供气阀复位按钮；松开头带，取下面罩；松开腰带扣，卸下呼吸器；观察气瓶剩余压力，关闭气瓶阀门；打开供气阀旁通旋钮，待系统压力排空后关闭旁通阀；调整面罩头带、腰带、肩带长度至备用状态。使用完毕要检查气瓶压力，若压力太低，不满足要求，要及时更换气瓶，使空气呼吸器始终处于备用状态。

4.2.3　防护眼镜和面罩

防护眼镜和面罩是用以保护作业人员的眼睛、面部，防止外来伤害的劳保用品。防护眼镜分为焊接用眼防护具、炉窑用眼护具、防冲击眼护具、微波防护具、激光防护具以及防 X 射线、防化学、防尘等眼护具。面罩分为防尘面罩、防毒面罩。

4.2.3.1　防护眼镜

防护眼镜的佩戴方法如下：

（1）在使用前应检查镜片是否容易脱落。

（2）确保透镜表面应研磨充分，不得有以肉眼可看出的伤痕、纹理、气泡、异物。

（3）戴上透镜后，仔细检查，确保影像应绝对清晰，不得模糊不清。图 4-4 是防护眼镜实物图。

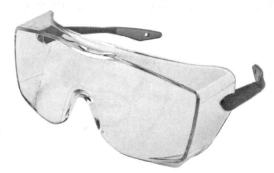

图 4-4　防护眼镜实物图

4.2.3.2　面罩

防尘面罩分为多次使用型和一次使用型。在有粉尘环境下工作，作业者必须佩戴防尘面罩。过滤式防尘面罩的作用仅仅是过滤空气中的有害物质，对缺氧空气环境提供不了任何保护作用，因此不能用于缺氧环境和有毒环境以及具有挥发性颗粒物的环境。防尘过滤元件的使用寿命受颗粒物浓度、使用者呼吸频率、过滤元件规格及环境条件的影响，当呼吸阻力逐渐增加至不能使用时，应按要求更换过滤元件。图 4-5 是防护面罩实物图。

当作业场所空气中氧含量大于 19％，且有毒有害气体浓度没有超标的情况下可以使用防毒面罩。图 4-6 是防毒面罩实物图。防毒面罩的佩戴方法如下：

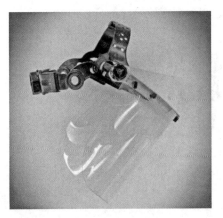

图 4-5　防护面罩实物图

图 4-6　防毒面罩实物图

（1）使用前要进行气密性检查　使用者戴好面具后，用手堵住进气口，同时用力吸气，若感到闭塞不透气时，说明面罩气密性良好。

（2）正确佩戴　选择合适的规格，使罩体边缘与脸部贴紧。使用时必须记住，事先拔去滤毒罐底部进气孔的胶塞，否则易发生窒息事故。

（3）专人保管，使用后及时消毒。

4.2.4 听力护具

听力护具主要有两大类：一类是置放于耳道内的耳塞［图4-7(a)］，用于阻止声能进入；另一类是置于耳外的耳罩［图4-7(b)］，限制声能通过外耳进入耳鼓及中耳和内耳。但这两种保护器具均不能阻止相当一部分的声能通过头部传导到听觉器官。

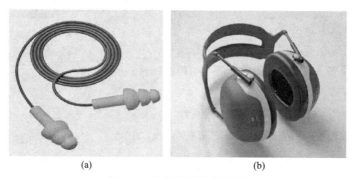

(a)　　　(b)

图 4-7　耳塞及耳罩实物图

4.2.4.1 耳塞

耳塞在使用后要注意清洁，也要注意耳塞和使用者的耳道是否匹配。虽然耳塞有好几种不同的尺寸，但要由经过考核的人员来决定佩戴者应使用的尺寸。因为各人的耳道大小不一，所以要用不同尺寸的耳塞。

耳塞的佩戴方法如图4-8所示。

（1）用手将耳塞卷折。

（2）一手绕过后脑，轻提耳部顶端。

（3）另一手轻柔地把耳塞推入耳道至适当深度。

（4）待耳塞膨胀恢复原状即可。

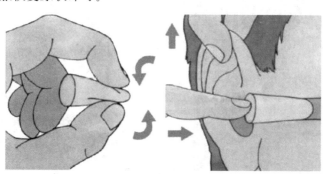

图 4-8　耳塞使用方法示意

4.2.4.2　耳罩

耳罩由可以盖住耳朵的套子和放在人头上来定位的带子组成。套子通常装有树脂塑胶泡沫材料，达到把耳朵密封起来的效果，套子里填充了吸声材料，可以吸收一定的声能。耳罩的密封性取决于耳罩的设计、密封的方法及佩戴的松紧程度。

耳罩的佩戴方法如下。

（1）应先检查罩壳有无裂纹和漏气现象。

（2）佩戴时应注意罩壳的佩戴方法，顺着耳廓的形状戴好。

（3）将连接弓架放在头顶适当位置，尽量使耳罩软垫圈与周围皮肤相互密合。

（4）如不合适时，应稍微移动耳罩或弓架，调整到合适位置。

此外，无论戴耳塞还是耳罩，均应在进入噪声场所前戴好，在噪声区不得随意摘下，以免伤害耳膜。如确需摘下，应在休息时或离开后，到安静处取出耳塞或摘下耳罩。

4.2.5　防护鞋

防护鞋是防止足部伤害的保护鞋，是操作工常见的和必备的劳保用品。其种类很多，常见的包括防滑鞋、防静电安全鞋、钢头防砸鞋等。图 4-9 是防护鞋实物图。

防护鞋的作用如下：

（1）防止酸碱性化学品伤害　在作业过程中接触到酸碱性化学品，可能发生足部被酸碱灼伤的事故。

（2）防止触电伤害　在作业过程中接触到带电体造成触电伤害。

（3）防止物体砸伤或刺伤　如高处坠落物品及铁钉、锐利的物品散落在地面，这就可能引起砸伤或刺伤。

（4）防止滑倒。

防护鞋的使用和保养包括：①不得擅自修改防护鞋的构造；②穿着合适尺码的防护鞋；③注意个人卫生，保持脚部和鞋履清洁干爽；④定期清理防护鞋；⑤贮存防护鞋于阴凉、通风良好的地方。

图 4-9　防护鞋实物图

4.2.6　防护手套

防护手套是用以保护手部不受伤害的用具，主要有耐酸碱手套、电工绝缘手套、电焊手套、防 X 射线手套、石棉手套、丁腈手套等。图 4-10 是防护手套实物图。

图 4-10　防护手套实物图

防护手套的作用如下：

（1）防止火与高温、低温的伤害。

（2）防止电磁与电离辐射的伤害。

（3）防止电、化学物质的伤害。

（4）防止撞击、切割、擦伤等伤害。

防护手套的使用和保养包括：①使用前检查手套是否破损；②带电作业用绝缘手套，要根据电压选择适当的手套，检查表面有无裂痕、发黏、发脆等缺陷，如发现异常，应禁止使用；③电、火焊工作业时佩戴的防护手套，应检查皮革或帆布表面有无僵硬、洞眼等残缺现象，如有缺陷，禁止使用；④摘下已污染的手套应避免污染物外露和接触皮肤；⑤再用式手套用后应彻底清洁及风干；⑥选择适当尺码的手套，以免妨碍动作或影响手感；⑦手套保存的地方应避免高温高湿场所，焊工手套不能洗，并且不要密封在塑料袋内以免变质或发霉；⑧避免重物压放或折叠存放；⑨电用橡胶手套若有接触油污，应立即以酒精清洗，若以水清洗时，要立即用干布擦拭，并放置阴凉处风干；⑩不能使用石油类有机溶剂清洁；⑪避免受到太阳直接照射；⑫操作各类机床或在有被夹挤危险的地方作业时严禁戴手套。

4.2.7　防护服

防护服是用于保护职工免受劳动环境中的物理、化学因素伤害的劳保用品。防护服种类包括消防防护服、工业用防护服和特殊人群用防护服。防护服主要应用于消防、军工、石油、化工等行业与部门。防护服分为特殊防护服和一般作业服两类。

特殊防护服包括防静电工作服、防化工作服、防火抗热工作服、抗油抗水防护服、其他防护服。一般作业防护服主要用作防污和防机械磨损。图 4-11 是防护服实物图。

4.2.8　防坠落护具

防坠落护具用于预防坠落事故发生，主要有安全带、安全绳和安全网。

4.2.8.1　安全带

安全带是防止高处坠落的安全用具。根据国家标准 GB/T 3608—2008《高处作业分级》规定，在高处作业时，距离坠落地面 2m 及以上就需要使用安全带，只有正确使用安全带才能确保施工人员的安全。根据操作、穿戴类型的不同，可以分为全身安全带及半身安全带。全身安全带最为常见，就是我们常说的五点式安全带，有肩带、胸带、腰带、腿带从 5 个方向同时分散冲击力，达到全身式的防护效果。图 4-12 是安全带实物图。

五点式安全带使用方法如下：

（1）检查安全带　握住安全带背部衬垫的 D 形环扣，保证织带没有绕在一起。

图 4-11　防护服实物图

（2）穿戴安全带　将安全带滑过手臂至双肩，保证所有织带没有缠结，自由悬挂，肩带必须保持垂直，不要靠近身体中心。

（3）腿部织带　抓住腿带，将它们与臀部两边的蓝色织带上的搭扣连接，将多余长度的织带穿入调整环中。

（4）胸部织带　将胸带通过穿套式褡扣连接在一起，胸带必须在肩部以下 15cm 的地方，多余长度的织带穿入调整环中。

（5）调整安全带　从肩部开始调整全身的织带，确保腿部织带的高度正好位于臀部的下方，背部 D 形环位于两肩胛骨之间。然后对腿部织带进行调整，试着做单腿前伸和半蹲，使得两侧腿部织带长度相同，胸部织带要交叉在胸部中间位置并且大约离开胸骨底部 3 个手指宽的距离。适当穿戴和调整的安全带可有效地将撞击力分解到全身并提供一定的悬浮支撑和坠落救援。

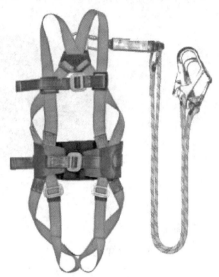

图 4-12　安全带实物图

五点式安全带使用注意事项如下：

（1）每次使用五点式安全带时，应查看标牌及合格证，检查尼龙带有无裂纹，缝线处是否牢靠，金属件有无缺少、裂纹及锈蚀情况。

（2）安全带应高挂低用，并防止摆动、碰撞，避开尖锐物质，不能接触明火。

（3）作业时应将安全带的钩、环牢固地挂在系留点上。

（4）在低温环境中使用安全带时，要注意防止安全带变硬割裂。

（5）安全带使用两年后，应按批量购入情况进行抽检，不合格品不予继续使用。

（6）安全带应贮存在干燥、通风的仓库内，不准接触强酸、强碱，也不要暴晒。

（7）安全带应该经常保洁，可放入温水中用肥皂水轻轻擦拭，用清水漂净后晾干。

（8）安全带上的各种部件不得任意拆除，更换新件时，应选择合格的配件。

（9）安全带使用期为 3～5 年，发现异常应提前报废。在使用过程中注意查看，在半年至一年内要试验一次，以主部件不损坏为要求，如发现有破损变质情况及时反映，并停止使用，以保证操作安全。

4.2.8.2　生命绳

生命绳是用来保护高空及高处作业人员人身安全的重要防护用品之一，正确使用生命绳是防止现场高空工作人员高空跌落伤亡事故，保证人身安全的重要措施之一，如图 4-13 所示。

生命绳应符合 GB 38454 要求，无断丝、断股、灼伤、受腐蚀、严重变形等缺陷。用于生命绳绑扎的卡扣和用于调节松紧的花篮螺栓应完好无损。生命绳应采用直径不低于 12mm 的镀锌钢丝绳。生命绳最大跨距为 12m，超过 12m 时应增加一根立杆加固生命绳。生命绳的系挂方法是 2 端用 3 个卡子固定在钢结构、脚手架等牢固部位，一般固定点之间距离为 6～10m。

图 4-13　生命绳实物图

生命绳搭设要求如下：

（1）从事生命绳搭设和拆除工作的人员必须持有地方政府或专责机构颁发的有效证件，工作前参加安全技术交底，无证人员严禁搭、拆生命绳。

（2）生命绳的搭设，应选择合格的材料，严格执行安全规程的标准。

（3）在生命绳搭设前，必须办理作业许可的相关手续。生命绳搭设完成后，由生产车间及施工单位检查合格后悬挂绿色标示牌，标识内容包括：生命绳位置、搭设日期、搭设人、检查人签名及日期，搭设及拆除期间，生命线挂红牌时禁止使用。

（4）在拉设生命绳之前，每隔 40m 搭设一个独立脚手架作为逃生通道，如遇特殊情况可适当放宽，但两个逃生通道的间距不能超过 42m。而且在电缆桥架爬坡处必须搭设独立脚手架，以便工人施工和逃生之用。

（5）生命线最大跨距 12m，超过 12m 时需增加一根立杆固定生命绳。

（6）生命绳用花篮螺旋扣拉紧，最大垂弧不大于 100mm。

（7）连接方式为绳扣式连接。端头固定时至少 3 个绳扣，开口方向对着活绳（主要受力的钢丝绳），绳卡间距为 6 倍钢丝绳直径，绳头露出长度为钢丝绳 3 倍直径。

4.2.8.3　安全网

安全网是在进行高空建筑施工设备安装时，在其下或其侧设置的起保护作用的网，以防止因人或物件坠落而造成的事故，安全网由网体、边绳、系绳和筋绳构成，如图 4-14 所示。

图 4-14　安全网实物图

在高空作业时，如果环境不容许工作地点安装稳固的工作台及围栏，必须搭建合适的安全网，以防止人体因坠落受伤。

使用安全网时要注意以下几点。

（1）要选用有合格证的安全网。

（2）安全网若有破损、老化应及时更换。

（3）安全网与架体连接不宜绷得太紧，系结点要沿边分布均匀、绑牢。

（4）立网不得作为平网使用，立网必须选用密目式安全网。

第5章

安全设备认知

安全设备主要是指为了保护从业人员等生产经营活动参与者的安全，防止生产安全事故发生以及在发生事故时用于救援而安装使用的机械设备和器械，如矿山使用的自救器、灭火设备以及各种安全检测仪器，如安全检测系统、可燃气体报警器、灭火器、消防炮等。安全设备有的是作为生产经营装备的附属设备，需要与这些装备配合使用；有的则是能够在保证安全生产方面独立发挥作用。这些安全设备需要按照国家有关要求在生产经营活动中配备，以确保生产安全和事故救援顺利进行。

5.1 可燃气体报警器

5.1.1 固定式可燃气体报警仪

工业用固定式可燃气体报警仪由报警控制器和探测器组成，控制器可放置于值班室内，主要对监测点进行控制，探测器安装在可燃气体最易泄漏的地点，其核心部件为内置的可燃气体传感器，探测器检测空气中气体的浓度，传感器将探测器检测到的气体浓度转换成电信号，通过线缆传输控制器，气体浓度越高，电信号越强，当气体浓度达到或超过报警控制器设置的报警点时，报警器发出报警信号，并可启动电磁阀、排气扇等外联设备自动排除隐患，或内操人员可根据生产情况或借助工业电视进行判断或观察，并通知外操人员注意安全并查看现场报警原因。

5.1.2 便携式可燃气体报警仪

便携式可燃气体报警仪为手持式，工作人员可随身携带，检测不同地点的可燃气体浓度，是外操巡检必须携带的安全防护设备。便携式可燃气体报警仪集控制器、探测器于一体，与固定式气体报警器相比，主要区别是便携式可燃气体报警仪需单独使用，不能外联其他设备。图5-1为固定式可燃气体报警仪实物原理图与便携式可燃气体报警仪实物图。

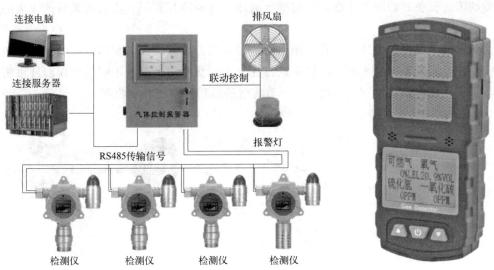

图 5-1　固定式可燃气体报警仪实物原理图与便携式可燃气体报警仪实物图

5.2　灭火设备

5.2.1　灭火器

　　灭火器是一种可由人力移动的轻便灭火器具，它能在其内部压力作用下，将所充装的灭火剂喷出，用来扑救火灾。灭火器种类繁多，其适用范围也有所不同，只有正确选择灭火器的类型，才能有效地扑救不同种类的火灾。我国现行的国家标准按移动方式可将灭火器分为手提式灭火器和推车式灭火器，常见的灭火器如干粉灭火器、二氧化碳灭火器、泡沫灭火器、卤代烷烃灭火器等。图 5-2 为灭火器实物图。

图 5-2　灭火器实物图

5.2.2　消防炮

　　消防炮是油库、码头、石化企业等场所常见的远距离扑救火灾的重要消防设备，消防炮分为消防水炮（PS）、消防泡沫炮（PP）两大系列。消防水炮是喷射水，远距离扑救一般固体物质的消防设备；消防泡沫炮是喷射空气泡沫，远距离扑救甲、乙、丙类液体火灾的消防设备。

消防水炮主要由炮主体、喷管、操作部件和入口部件等组成。相同的水炮主体对应不同的喷管部件可实现不同的水流，可将水进行柱（雾）状喷射。配备不同的操作部件可实现手柄式、手轮式和电动式的互换。图 5-3 为消防炮的结构示意图和实物图。

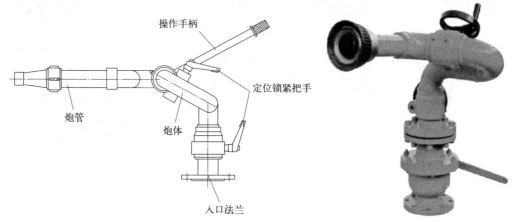

图 5-3　消防炮的结构示意图和实物图

消防炮操作要求与注意事项如下：

（1）使用操作消防炮的人员必须进行操作培训并熟悉相关操作过程。

（2）炮的入口压力不得大于炮的最大工作压力。

（3）使用消防炮前，应疏散炮口前所有人员，操作消防炮时不得脱手，以免发生危险。

（4）操作时应尽量顺风喷射，以增加射程。调节炮身水平和俯仰角度，使灭火剂充分覆盖在燃烧物上。炮身调至适当位置后，可将定位锁紧把手锁紧，进行定向喷射。

（5）使用结束后，关闭系统消防泵组，倾斜炮管倒出腔内余液，将炮管置于最低位置，锁紧定位锁紧把手。关闭水炮入口阀门，检查消防炮各部位，应无损坏现象。

图 5-4　消防水枪实物图

5.2.3　消防水枪

消防水枪是灭火的射水工具，用其与水带连接会喷射密集充实的水流。常见的消防水枪有：直流水枪，主要具有射程远、流量大、冲击力强等特点，可以用来扑灭固体物质的火灾和辅助冷却。喷雾水枪，它具有很强的室内灭火能力，而且还能扑救带电设备、可燃粉尘及部分油品火灾。多用水枪，它是一种既可喷出直流射流，又可喷射雾状射流和水幕的水枪，具有很高的机动性，因此是一种使用较为广泛的水枪。图 5-4 为消防水枪实物图。

消防水枪的操作要求与注意事项如下：

（1）利用水带将消防车出水口与消防水枪进水口连接牢固，并打开水枪开关，利用消防车加压向水枪供水即可。

（2）连接水带和水枪时要连接牢固，防止滑脱。

（3）操作时应两人配合操作，将水枪抱稳，避免压力水打出后产生反作用力伤人。

（4）转移阵地时应缓慢进行，最好配备可克服反作用力的肘形接口。

（5）使用开关水枪时，开关动作应缓慢进行，以免产生水锤现象，造成水带破裂或影响消防员安全。

（6）使用后应将水枪清理干净晾干，存放时避免接触腐蚀性化学物品。

5.2.4　消防水带

消防水带是用于火场输送水或泡沫等灭火剂的软管。按材料分麻质、合成纤维和棉质水带；按结构分衬里和无衬里水带；按直径分50mm、65mm、80mm、90mm、100mm、120mm；按耐压等级分低压、中压和高压水带。图 5-5 为消防水带实物图。

消防水带的操作要求与水带应有专人管理。相关事项如下：

（1）根据不同需要选择相应口径、长度和接口型号的水带，将水带完全铺开。

（2）一头与消防车出水口连接，一头与水枪、水炮等喷射装置连接。

图 5-5　消防水带实物图

（3）水带使用时严禁骤然曲折，不得随意在地面拖拉。

（4）防止接触火焰辐射热，特别不要与高温接触和沾染油类和化学物质。

（5）水带卷应竖放，每年至少翻动两次，并交换折边一次。

（6）水带应有专人管理，经常检查接头是否松动，一旦损坏，及时修补。

5.3　化工生产的常见安全设备

化工行业由于其生产中压力容器和物料的高度危险性，为防止或减少事故发生，在化工装置设计建设中安装了许多安全设备设施，这些安全设备设施在关键时刻是保证安全生产的重要环节。

5.3.1　旁通管（阀）

在化工的自动化装置中生产进料、出料管上都设有旁通管，设置旁通管的主要作用：一是满足集控操作需要；二是最大限度地满足安全要求；三是满足装置连续生产的需要。图 5-6 为旁通管实物图。

旁通管通常设置在自动调节阀的上部，装置运行中当仪表自动调节阀正常使用时处于常

图 5-6　旁通管实物图

关状态。当自动调节阀失灵或检修时关闭两侧的检修阀，开启旁通阀，可以连续生产。当设备故障或反应失控时，也可以通过旁通管阀导流，控制事态，降低危险性。

　　判断旁道阀是否开关要看阀杆螺丝的长短，即螺丝长则开启，螺丝短则关闭。阀门的开关方式是逆时针为开，顺时针为关。形状速度要依据管道直径和流速等要素确定，通常是管径粗、流速快，开关速度慢，防止瞬间高压。完全断料需要同时关闭主、旁道两个阀门。

5.3.2　紧急切断阀

　　紧急切断阀是自动化生产装置中的重要安全装置，在生产异常或发生事故等情况时，装置控制室可以通过远程控制，直接切断进料阀门。图 5-7 为紧急切断阀实物图。

　　紧急切断阀一般设置在较危险的装置进料管上，其两侧设有检修阀。

5.3.3　安全阀、放空管、回收管、火炬

　　安全阀、放空管、回收管、火炬是压力装置中重要安全附件，当反应或装置内压力超过一定值时，安全阀会自行开启泄压或放空。图 5-8 为安全阀、放空管、回收管、火炬实物图。

(a) 安全阀　　　　　　　　　　(b) 放空管

(c) 回收管　　　　　　　　　　(d) 火炬

图 5-7　紧急切断阀实物图　　　　　图 5-8　安全阀、放空管、回收管、火炬实物图

为确保放空物料的安全阀上加装放空管和回收管，将放空物料回收到物料槽（罐）中储存或放空至火炬焚烧。但也有一些生产技术较落后或生产条件较差的企业不设回收管，发生事故时直接放空。放空物料（喷料）不回收会导致燃烧爆炸或扩大事故灾害。直接放空的管路应安装阻火器。安全阀的动作压力按装置的要求不同进行调节。

5.3.4　防爆膜（爆破片）

在压力装置泄压孔上设置的金属薄片称为防爆膜，也称爆破片。当装置压力超过一定值时，金属薄片爆破，达到泄压保护装置的目的。图 5-9 为防爆膜实物图。

由于防火膜爆破后会发生大量冲料（喷料），对装置构成更大的危险。因此一般在防爆膜上加装放空管和回收管，将防爆膜爆破后冲出的物料回收到槽（罐）或放空至火炬焚烧。但有些生产条件较差的装置不加装放空管和回收管。有些装置设双层防爆膜，并在防爆膜之间安装数据采集装置以增加反应的安全性。

图 5-9　防爆膜实物图

5.3.5　数据资料采集装置

为了控制工艺参数，提高化工生产质量和效率，也为了生产安全，一般生产设备在装置的不同部位装有温度、压力、物料（产品）等数据采集和采样装置，这些装置为操作、控制人员提供第一线真实资料。数据采集装置失灵，会对生产安全将会构成极大威胁。图 5-10 为数据资料采集装置实物图。

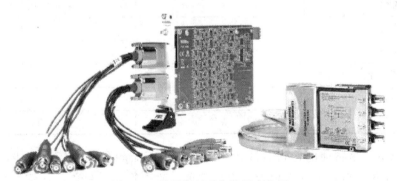

图 5-10　数据资料采集装置实物图

5.3.6　蒸汽吹扫系统

多数化工装置安装有氮气和蒸汽吹扫系统，这些系统的管网与装置紧密相连，当生产工艺需要时，自动或手动开启氮气或蒸汽系统可以为生产工艺服务。图 5-11 为蒸汽管网实物图。

图 5-11　蒸汽管网实物图

当设备抢修时可以对装置进行吹扫置换，为抢修提供安全保障；当装置发生故障或意外事故时，可以吹扫管路，加速气化，增加流速，防止物料沉积和堵塞，可以稀释物料、降低浓度、减缓反应或加压保护物料，也可以作为处置泄漏及火灾事故的稀释剂和灭火剂。

5.3.7　管线

化工生产管线纵横交错，错综复杂，为了便于管理，在行业中规定了管线的基本标识，不仅便于生产工人操作，也有利于灭火救援中的操作，如表 5-1 所示。

表 5-1　管线标识表

物质种类	基本识别色	颜色标准编号
水	艳绿	G03
水蒸气	大红	R03
空气	淡灰	B03
气体	中黄	Y07
酸或碱	紫	P02
可燃液体	棕	YR05
其他液体	黑	
氧	淡蓝	PB06

通常情况下，易腐蚀的物料管线用不锈钢管，不涂颜色；循环水管线涂墨绿色；酸（碱）液管线涂粉红色；氮气吹扫管线涂淡黄色；放空管线（紧急出料管线）涂黄色；消防供水、灭火剂输送管线涂红色；水蒸气管线设保温层外包白铁皮；主物料管线不涂色。

5.3.8　报警装置、灭火装置

温度、压力、流速等工艺参数发生异常时在控制室发生的报警，生产装置及附近安装的可燃气体、有毒气体浓度检测、报警装置，都是化工生产中重要的安全装置。图 5-12 为气体检测报警装置实物图。

图 5-12　气体检测报警装置实物图

　　为了确保装置事故后能快速有效处置，许多化工装置设置了水喷淋系统、泡沫喷淋系统、高压消火栓系统和固定消防炮冷却、灭火系统，这些灭火设施在一定条件下会发挥重要的控制事态发展的作用。

第6章

公共科目实训

6.1 灭火器的选择和使用

6.1.1 火灾的分类

欲选择和利用好灭火器，首先要对火灾的类型进行明确识别，根据可燃物的类型和燃烧特性，按标准化的方法可将火灾分为 A、B、C、D、E、F 六类。

A 类火灾指固体物质火灾。这种物质通常具有有机物质性质，一般在燃烧时能产生灼热的余烬，如木材、干草、煤炭、棉、毛、麻、纸张等火灾。

B 类火灾指液体或可熔化的固体物质火灾，如煤油、柴油、原油、甲醇、乙醇、沥青、石蜡、塑料等火灾。

C 类火灾指气体火灾，如煤气、天然气、甲烷、乙烷、丙烷、氢气等火灾。

D 类火灾指金属火灾，如钾、钠、镁、钛、锆、锂、铝镁合金等火灾。

E 类火灾指带电火灾，物体带电燃烧的火灾。

F 类火灾指烹饪器具内的烹饪物（如动植物油脂）火灾。

6.1.2 灭火器的适用范围

通常人们会认为遇到初起火灾可以使用灭火器进行扑救，但是每种灭火器都有自己的适用范围，只有针对不同类型的火灾，选择相对应的灭火器，才能达到灭火的目的。一旦灭火器的种类选择错误，不但不能灭火，还会因为延误逃生时间而丧失最佳的逃生机会，因此在摆放灭火器时就应该考虑到灭火器与环境的匹配问题。

扑救 A 类火灾即固体燃烧的火灾应选用水型、泡沫、磷酸铵盐干粉、卤代烷型灭火器。

扑救 B 类火灾即液体火灾和可熔化的固体物质火灾应选用干粉、泡沫、卤代烷、二氧化碳型灭火器。值得注意的是，化学泡沫灭火器不能灭 B 类极性溶剂火灾，因为化学泡沫与有机溶剂接触，泡沫会迅速被吸收，使泡沫很快消失，不能起到灭火的作用。醇、醛、酮、醚、酯等都属于极性溶剂。

扑救 C 类火灾即气体燃烧的火灾应选用干粉、卤代烷、二氧化碳型灭火器。

扑救 D 类火灾即金属燃烧的火灾，就我国目前情况来说，还没有定型的灭火器产品。目前国外灭 D 类火灾的灭火器主要有粉装石墨灭火器和灭金属火灾专用干粉灭火器。在国内尚未定型生产灭火器和灭火剂珠情况下可采用干砂或铸铁沫灭火。

扑救 E 类火灾即带电火灾应选用卤代烷、二氧化碳、干粉型灭火器。

扑救 F 类火灾即动植物油脂火灾可采用空气隔离法，用锅盖等身边的物体立即将燃烧物体盖住，达到隔离空气的效果。如引起大面积火灾，则可用泡沫灭火器扑灭。

6.1.3　灭火器的正确使用

干粉灭火器的正确使用方法如下：

（1）使用前把灭火器上下颠倒几次，使筒内干粉松动。

（2）拉掉保险丝，拔出保险销。

（3）按下压把，干粉便会从喷嘴喷射出来。

（4）若有喷粉胶管的干粉灭火器，则一只手握住喷嘴，另一只手按下压把。

（5）在距离起火点 5m 左右处使用灭火器（在室外使用时，应占据上风向）。

图 6-1 为干粉灭火器实物图。

手推车干粉灭火器的正确使用方法如下：

（1）使用前将推车摇动数次，防止干粉长时间放置后导致沉淀，影响灭火效果。

（2）一般由两人操作，使用时，将灭火器迅速拉到或推到火场，在离起火点 10m 处停下。

（3）将手推车灭火器停稳，拔出保险销，向上提起手柄，将手柄绊到正冲朝上位置。

（4）另一人取下喷枪，迅速展开喷射软管，注意喷带不能弯折或打圈。

（5）一手握住喷管枪管，另一只手旋开喷枪手柄，将喷嘴对准火焰根部，扫射推进，注意死角，防止复燃。

（6）灭火完成后，首先关闭灭火器阀门，然后关闭喷管处阀门。

图 6-2 为手推车干粉灭火器实物图。

图 6-1　干粉灭火器实物图　　　　图 6-2　手推车干粉灭火器实物图

二氧化碳灭火器的正确使用方法如下：

（1）灭火时将灭火器提到火场，距燃烧物 5m 左右放下灭火器。

（2）拔掉保险丝，左手拿着喇叭筒，右手用力压下压把。对着火源根部喷射，并不断推进，直至把火扑灭。

（3）灭火时，手指不宜接触喇叭筒口及金属部位，以免冻伤。

图 6-3 为二氧化碳灭火器实物图。

水基型灭火器的正确使用方法如下：

（1）右手托着压把，左手托着灭火器底部，轻轻取下灭火器。右手捂住喷嘴，左手执筒底边缘。把灭火器颠倒过来呈垂直状态，用劲上下晃动几下，然后放开喷嘴。

（2）右手抓筒耳，喷嘴朝向燃烧区，站在离火源 5m 左右的地方喷射，并不断前进，兜围着火焰喷射，直至把火扑灭。灭火后，把灭火器卧放在地上，喷嘴朝下。

图 6-4 为水基型灭火器实物图。

图 6-3　二氧化碳灭火器实物图

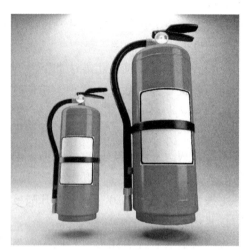

图 6-4　水基型灭火器实物图

6.1.4　设备概述

灭火器的选择和使用是以国家特种作业《国家安全监管总局关于印发特种作业人员安全技术实际操作考试标准及考试点设备配备标准（试行）的通知》为依据，以考试大纲为标准研发的一款模拟仿真灭火器设备主要用于科目四作业现场应急处置内的一类考题，系统随机分配供考生考试。

安全守则及注意事项：

（1）使用设备前必须熟悉产品技术说明书、使用说明书，按厂方提出的技术规范和程序进行操作，设备使用后按顺序关断电源。

（2）注重设备的环境保护，减少暴晒、水浸及腐蚀物的侵袭，确保设备的绝缘电阻、耐压系数、接地装置及室内的温度、湿度在正常范围内，学会在安全用电状态下工作。

（3）提倡设备在常规操作下工作，谨防在极限条件下操作，禁止做破坏性试验。

（4）严防重物、机械物撞击和超越设备的承载能力和受冲击能力，使设备变形，直至损坏。

（5）如设备出现漏电、短路、灯光显示异常及电火花、机械噪声或异味、冒烟等现象，应立即断电、检查，进行设备维修，切勿使设备"带病"操作和使用。

（6）长期不使用的设备，要做定期检查维护、保养处理，方能进行工作。

（7）设备必须可靠接地。

6.1.5　设备介绍

灭火器考场如图 6-5 所示。

图 6-5　灭火器考场

灭火器组件尺寸：500mm×160mm×500mm。

灭火器组件主要由灭火器固定框架、模拟仿真干粉灭火器、二氧化碳灭火器、水基灭火器组成。可实现科目四灭火器的选择和使用操作。

6.1.6　实训（考核）流程

共五类实训考题。每次实训考核时，系统会随机从五类考题中抽取一个考题进行考试。当抽到"灭火器的选择和使用"时，考题包含两个题目：其中一个考题为理论题，考生需要根据考题的火灾情景在答题屏上选择对应的灭火器；另一个考题为实际操作题，考生需要根据系统给出的仿真灭火场景，在设备灭火器放置区选择灭火需要使用的仿真灭火器，并使用真实的操作方式进行灭火。考生考试完毕后需将灭火器还原，并放置到对应的灭火器座中。除"灭火器的选择和使用"考题外，其他类型的考题为理论题，考题类型都由系统自动抽题。

6.1.6.1　正式考试前的准备工作

考试开始前，监考人员应先打开设备，对设备的基本功能进行检查。

检查灭火器功能是否正常。三个灭火器的电池盒电源开关应打开，三个灭火器的打开后，灭火器灭火发射头应能作为鼠标使用，按下灭火器的压阀后，功能相当于鼠标左键单击。

注意：仿真灭火器使用电池供电，若长期不用请将三个仿真灭火器底座的电源开关拨到"OFF"档。考试开始前，考官请将三个仿真灭火器底座的电源开关拨到"ON"档。灭火器不能随意放置，放置时需与灭火器底座的标签对应。

6.1.6.2 考试结束后的收尾工作

考试结束后，监考人员将三个灭火器底座的开关拨到"OFF"档，关闭灭火器的电源，防止长期不使用，电池电量的不必要损耗。

注意：若考试后，设备长期不使用，建议将设备用防尘罩盖好，防止灰尘进入设备，影响设备使用寿命。

6.1.6.3 灭火器的选择

化学起火共有2个考题用二氧化碳灭火器、电力起火共有2个考题用干粉灭火器、木材起火共有1个考题用水基灭火器，以上5种火情都由系统随机抽取一类火情进行考试。如图6-6所示。

图6-6 灭火器考试过程——灭火器选择

灭火器选用原则如下。

① 化学起火用二氧化碳灭火器，如图6-7所示。

图6-7 灭火器考试过程——化学起火用二氧化碳灭火器

② 电力起火用干粉灭火器，如图6-8所示。
③ 木材起火用水基灭火器，如图6-9所示。

图 6-8　灭火器考试过程——电力起火用干粉灭火器

图 6-9　灭火器考试过程——木材起火用水基灭火器

6.2　创伤包扎

　　包扎是外伤现场应急处理的重要措施之一。及时正确的包扎，可以达到压迫止血、减少感染、保护伤口、减少疼痛、固定敷料和夹板等目的。相反，错误的包扎可导致出血增加、加重感染、造成新的伤害、遗留后遗症等不良后果。图 6-10 为创伤包扎示意图。

6.2.1　创伤包扎前注意事项

　　（1）施救者在接触伤者前应采取自我防护措施（例如戴手套、口罩和护目镜），施救前后，应用流动的清水和肥皂反复吸收，时间不少于 20s。如果不能洗手，可使用免洗洗手液。

　　（2）充分暴露伤口，以便全面检查伤情，必要时要剪开衣物。

　　（3）骨折断端外露或嵌有异物的伤口不能直接包扎，也不能将骨折断端还原或拔出异物。

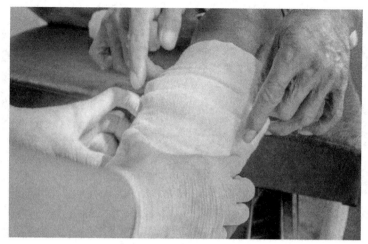

图 6-10　创伤包扎示意图

（4）伤口包扎前要覆盖敷料，直接接触伤口的敷料最好是无菌的，至少应是清洁的。

6.2.2　包扎方法

包扎方法包括环形包扎法、螺旋形包扎法、螺旋反折包扎法、"8"字形包扎法，如图 6-11 所示。

（1）环形包扎法　在肢体某一部位环绕数周，每一周重叠盖住前一周。常用于手、腕、足、颈、额等处以及在包扎的开始和末端固定时用。

（2）螺旋形包扎法　包扎时，做单纯螺旋上升，每一周压盖前一周的 1/2，多用于肢体和躯干等处。

（3）螺旋反折包扎法　先按环形包扎法固定起始端，再按螺旋包扎法包扎，每一圈将绷带反折一次，重复操作继续包扎，主要用于包扎前臂、小腿等粗细差别较大的部位。

（4）"8"字形包扎法　一圈向上，一圈向下地包扎，每周在正面和前一周相交，并压盖前一周的 1/2，多用于肘、膝、踝、肩、髋等关节处。

（1）环形包扎法　　　（2）螺旋形包扎法　　　（3）螺旋反折包扎法　　　（4）"8"字形包扎法

图 6-11　包扎方法

6.2.3　创伤包扎注意事项

（1）包扎要牢固，松紧适宜。

（2）使用绷带包扎时应自下而上，从左往右、由远心端到近心端缠绕。

（3）包扎后应时常检查包扎敷料和肢体远端血液循环情况，甲床和指（趾）末端皮肤变紫、麻木或感觉消失说明包扎过紧。

（4）不可在受伤创面打结，不可在受压部位或肢体内侧打结，不可在经常摩擦的部位打结。

6.2.4　设备概述

创伤包扎操作机是以国家特种作业《国家安全监管总局关于印发特种作业安全技术实际操作考试标准及考试点设备配备标准（试行）的通知》为依据，以考试大纲为标准研发的一款模拟仿真模拟人设备，主要用于科目四作业现场应急处置内的一类考题，系统随机分配供考生考试。

安全守则及注意事项：

（1）使用设备前必须熟悉产品技术说明书、使用说明书，按厂方提出的技术规范和程序进行操作，设备使用后按顺序关断电源。

（2）注重设备的环境保护，减少暴晒、水浸及腐蚀物的侵袭，确保设备的绝缘电阻、耐压系数、接地装置及室内的温度、湿度在正常范围内，学会在安全用电状态下工作。

（3）提倡设备在常规操作下工作，谨防在极限条件下操作，禁止做破坏性试验。

（4）严防重物、机械物撞击和超越设备的承载能力和受冲击能力，使设备变形，直至损坏。

（5）如设备出现漏电、短路，灯光显示异常及电火花、机械噪声或异味、冒烟等现象，应立即断电、检查，进行设备维修，切勿使设备"带病"操作和使用。

（6）长期不使用的设备，要做定期检查维护、保养处理，方能进行工作。

（7）设备必须可靠接地。

6.2.5　设备介绍

创伤包扎操作机可实现特种作业考试科目四中单人徒手创伤包扎操作的考试。创伤包扎操作机智能评分版可直接为考生操作判分，并将考试成绩提交至考试管理平台。考核终端一体机根据系统组合方式不同可以是对应工种的考核终端机或者单独的考核终端机。创伤包扎考核设备如图 6-12 所示。

(a) 创伤包扎考核终端一体机　　　　　　　　　(b) 创伤包扎模拟人

图 6-12　创伤包扎考核设备

6.2.6 实训（考核）流程

当进行考试时，科目四考试抽到"创伤包扎"后，考生需移至创伤包扎考位进行创伤包扎考试操作。"创伤包扎"考试有实时语音提示，考生需根据语音提示进行操作。

操作步骤如下：

第一步——自我介绍

如图 6-13 所示，系统语音提示"请向患者做自我介绍"，考生靠近模拟人（2m 以内）说（标准普通话）："小明，小明。"

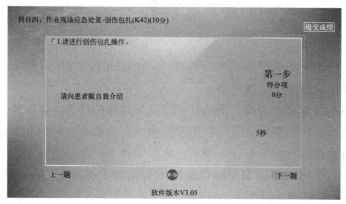

图 6-13　创伤包扎考核流程——第一步

待模拟人应答："我在。"

考生做自我介绍："我是医生。"

模拟人应答："医生，你好。"模拟人将接收到的信号发送给系统得分。

（系统倒计时 10s，请在 10s 内完成操作）

（注意：模拟人唤醒词为"小明，小明"。胸前绿色指示灯亮，表示模拟人已激活，不用再说"小明，小明"唤醒，如果指示灯不亮，需要重新唤醒模拟人）

第二步——安慰伤者

如图 6-14 所示，系统语音提示："请安慰伤者。"

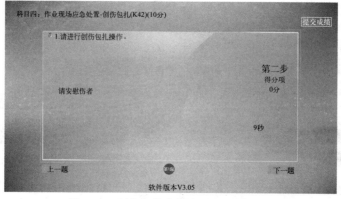

图 6-14　创伤包扎考核流程——第二步

考试对模拟人说："请不要动，配合检查。"

模拟人应答："好的。"模拟人将接收到的信号发送给系统得分。

（系统倒计时10s，请在10s内完成操作）

第三步——检查伤者

如图6-15所示，系统语音提示："请检查伤者头面部、胸腹部及四肢。"

考生在模拟人身上进行实际检查操作，检查四肢、面部、头部、胸部。一共8个点。

（系统倒计时30s，请在30s内完成操作）

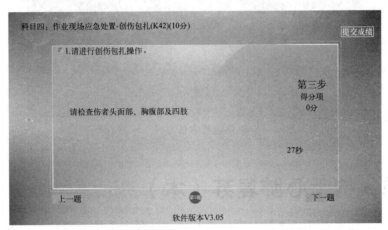

图6-15 创伤包扎考核流程——第三步

第四步——报告伤情

如图6-16所示，系统语音提示："请报告伤者伤情。"

考生对模拟人说："您右手软组织撕裂。"（注意：若模拟人激活指示灯已熄灭，需要对模拟重新唤醒）

（系统倒计时30s，请在30s内操作完成）

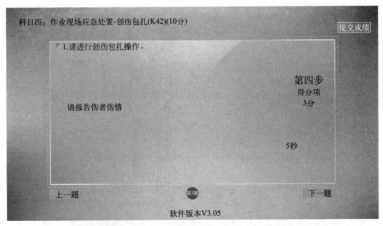

图6-16 创伤包扎考核流程——第四步

第五步——包扎操作

如图6-17所示，系统语音提示："请进行包扎操作。"

考生收到系统提示后，开始进行包扎操作。包扎操作请参考创伤包扎操作视频。

操作完成后，直接完成后点击提交成绩即可。

考试完成后，将创伤包扎的绷带拆下还原。

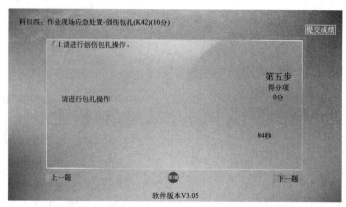

图 6-17　创伤包扎考核流程——第五步

6.3　单人徒手心肺复苏（术）

心肺复苏术，简称 CPR，是针对骤停的心脏和呼吸采取的急救技术，目的是恢复患者自主呼吸和自主循环。在心肌梗死、溺水、触电等紧急情况下，能否在第一时间对患者进行心肺复苏，为后续治疗赢得黄金 4 分钟，对挽救患者的生命至关重要。

6.3.1　心肺复苏的操作方法

（1）评估现场环境安全　判断是否存在潜在危险，并采取相应的自身和患者安全保护与防护措施，如图 6-18 所示。

图 6-18　心肺复苏操作——评估现场环境安全

（2）判断意识及反应　施救者用双手轻拍患者的双肩，俯身在其两侧耳边高声呼唤：“先生（女士），您怎么了？快醒醒！”如果患者无反应，可判断为无意识，如图 6-19 所示。

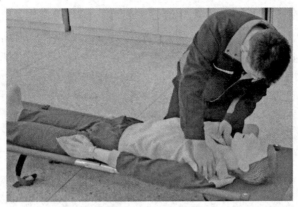

图 6-19　心肺复苏操作——判断意识及反应

（3）检查呼吸　检查呼吸时，患者如果为俯卧位，应先将其翻转为仰卧位。用"听、看、感觉"的方法检查患者呼吸，判断时间约 10s。如果患者无呼吸或叹息样呼吸，提示发生了心搏骤停。如图 6-20 所示。

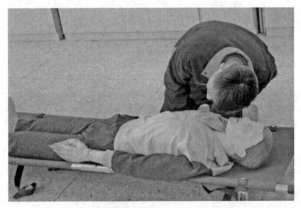

图 6-20　心肺复苏操作——检查呼吸

如果患者无意识、无呼吸（或叹息样呼吸），立即向周围人求助，拨打急救电话，并取来附近的 AED（自动体外除颤器）。如图 6-21 所示。

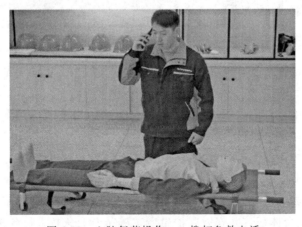

图 6-21　心肺复苏操作——拨打急救电话

（4）胸外按压　在呼救的同时尽快开始心肺复苏。施救者首先暴露患者胸部，将一只手掌根紧贴患者胸部正中、两乳头连线中点（胸骨下半部），双手十指相扣，掌根重叠，掌心翘起，双上肢伸直，上半身前倾，以髋关节为轴，用上半身的力量垂直向下按压，确保按压深度5～6cm，按压频率100～120次/分，保证每次按压后胸廓完全恢复原状，如图6-22、图6-23所示。

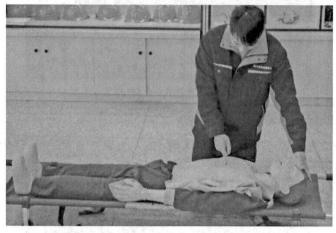

图 6-22　心肺复苏操作——胸外按压 1

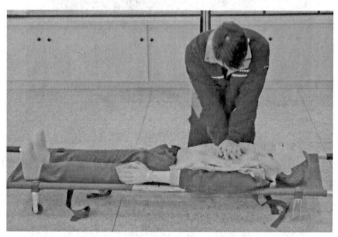

图 6-23　心肺复苏操作——胸外按压 2

（5）开放气道　检查口腔有无异物，如有异物将其取出。用仰头举颏法开放气道，通常使患者下颌角及耳垂的连线与水平面垂直，如图6-24所示。

（6）人工呼吸　施救者用嘴罩住患者的嘴，用手指捏住患者的鼻翼，吹气2次，每次约1s，吹气时应见胸廓隆起，如图6-25所示。

（7）循环做胸外按压和人工呼吸　循环做30次胸外按压和2次人工呼吸（30∶2），每5组评估患者呼吸和脉搏，如图6-26所示。

（8）复原体位　如果患者的心搏和自主呼吸已经恢复，将患者置于复原体位（稳定侧卧位），随时观察患者生命体征，并安慰照护患者，等待专业急救人员到来。

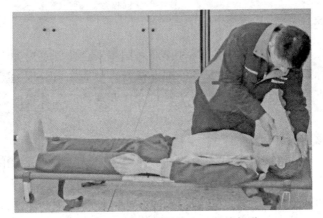

图 6-24 心肺复苏操作——开放气道

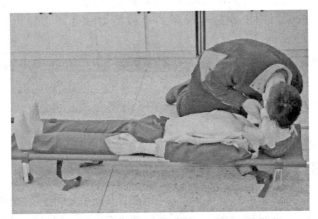

图 6-25 心肺复苏操作——人工呼吸

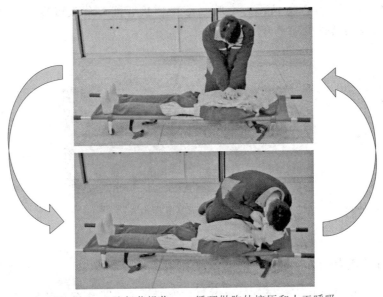

图 6-26 心肺复苏操作——循环做胸外按压和人工呼吸

6.3.2　设备概述

单人徒手心肺复苏术操作是以国家特种作业《国家安全监管总局关于印发特种作业安全技术实际操作考试标准及考试点设备配备标准（试行）的通知》为依据，以考试大纲为标准研发的一款模拟仿真模拟人设备，主要用于科目四作业现场应急处置内的一类考题，系统随机分配供考生考试。

安全守则及注意事项：

（1）使用设备前必须熟悉产品技术说明书、使用说明书，按厂方提出的技术规范和程序进行操作，设备使用后按顺序关断电源。

（2）注重设备的环境保护，减少暴晒、水浸及腐蚀物的侵袭，确保设备的绝缘电阻、耐压系数、接地装置及室内的温度、湿度在正常范围内，学会在安全用电状态下工作。

（3）提倡设备在常规操作下工作，谨防在极限条件下操作，禁止做破坏性试验。

（4）严防重物、机械物撞击和超越设备的承载能力和受冲击能力，使设备变形，直至损坏。

（5）如设备出现漏电、短路，灯光显示异常及电火花、机械噪声或异味、冒烟等现象，应立即断电、检查，进行设备维修，切勿使设备"带病"操作和使用。

（6）长期不使用的设备，要做定期检查维护、保养处理，方能进行工作。

（7）设备必须可靠接地。

6.3.3　设备介绍

心肺复苏操作机可实现特种作业考试科目四中单人徒手心肺复苏操作的考试。心肺复苏操作机分为手动评分版和智能评分版，手动评分版主要由心肺复苏模拟人、CPR 数码显示器组成；智能评分版由心肺复苏模拟人和心肺复苏考核终端一体机组成，并且全程有全自动语音提示，如图 6-27、图 6-28 所示。心肺复苏操作机智能评分版可直接为考生操作判分，并将考试成绩提交至考试管理平台。

图 6-27　心肺复苏模拟人

6.3.4　实训（考核）流程

当科目四考试抽到"单人徒手心肺复苏操作"时，考生需移至心肺复苏考位进行单人徒手心肺复苏操作。心肺复苏考试待考界面如图 6-29 所示，系统默认选择为考核模式。

图 6-28　心肺复苏考核终端一体机

身份证刷卡区
系统开机键
系统电源插座
系统电源插座
系统电源开关
系统电源插座

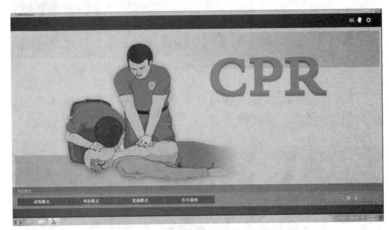

图 6-29　心肺复苏考核——待考界面

操作步骤如下：

考生在待考界面点击"进入"按钮，进入考试界面。此时，系统有语音提示"请刷二代身份证开始考试"，如图 6-30 所示，此时应将身份证放于身份证读卡区，系统读卡成功后进入信息录入成功界面，如图 6-31 所示。

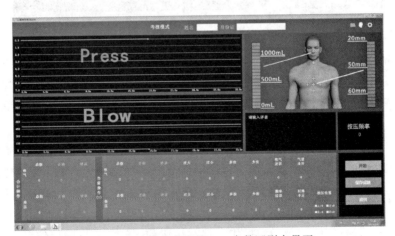

图 6-30　心肺复苏考核——身份证刷卡界面

信息读入成功后，系统语音提示"刷卡成功，请点击开始按钮，开始考试"。点击"开始"按钮，进入考试界面，系统开始倒计时，考生需要在 150s 以内进行心肺复苏实际操作。

图 6-31　心肺复苏考核——信息读入成功界面

点击"开始"进入考试界面以后，系统界面左上角显示急救倒计时，如图 6-32 所示，操作时间共 150s，按以下操作步骤进行考试。

图 6-32　心肺复苏考核——考试过程界面

步骤①，先把模拟人放平然后进行单人正确胸外按压 30 次（显示器上显示按压显示为 30）；

步骤②，头往后仰 70°～90°，形成气道开放，正确人工吹气 2 次（显示器上正确显示为 2）；

步骤③，重复步骤①、②四次，即连续进行正确胸外按压 30 次，正确人工呼吸 2 次（即 30：2）的五个循环；

步骤④，在规定考试时间内完成所有操作后，CPR 数码显示器显示正确按压 150 次，正确吹气 10 次，即单人心肺复苏操作按程序操作成功，随之有语音提示："急救成功"，颈动脉连续搏动，心脏自动发出恢复跳动声音，瞳孔由原来的散大自动缩小，说明模拟人被救活。

考试过程中，设备实时记录显示操作数据及按压和吹气的波形图等信息，并语音播报操作错误信息，例如按压过大、按压频率过快、吹气不足等。

若在规定时间内完成急救，考试界面显示"急救成功"，若在规定时间内未能急救成功，考试界面提示"急救失败"。急救失败的界面如图 6-33 所示。

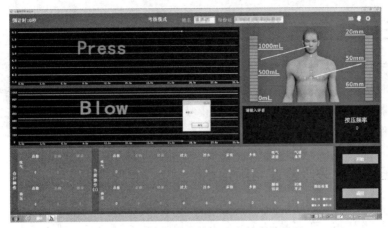

图 6-33　心肺复苏考核——急救失败界面

　　若急救成功，得到急救结果后，点击"确定"，系统提示提交结果，并自动进入考试操作详细记录界面，如图 6-34 所示，点击右上角"返回"按钮，考试系统返回至待考界面，考试结束。

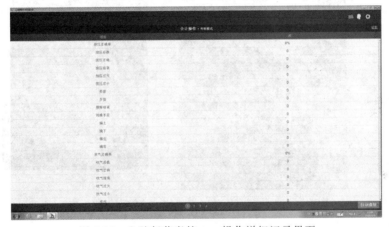

图 6-34　心肺复苏考核——操作详细记录界面

　　若急救失败，得到急救结果后，点击"确定"，系统会弹出是否选择重新考试对话框，如图 6-35 所示。选择"是"可以进行第二次心肺复苏操作，选择"否"则系统直接提交当前考试成绩，进入到图 6-33 界面，点击右上角"返回"按钮，考试系统返回至待考界面，考试结束。

图 6-35　心肺复苏考核——重新操作提示对话框

6.4 正压式空气呼吸器的使用

正压式空气呼吸器为自给开放式空气呼吸器，可以使消防人员和抢险救护人员在进行灭火或抢险救援时防止吸入对人体有害的毒气，烟雾，悬浮于空气中的有害污染物。此外，正压式空气呼吸器也可在缺氧环境中使用，防止吸入有毒气体，从而有效地进行灭火、抢险救灾救护和劳动作业。

6.4.1 正压式空气呼吸器使用前检查

（1）检查气源压力 打开气瓶阀开关，观察高压表，要求气瓶内空气压力为 28～30MPa，如图 6-36 所示。如气瓶内气压不足，应到专业充气站充至规定压力。

（2）检查整机系统气密性 打开气瓶阀开关，观察压力表的读数，稍后关闭。5min 内表示压力下降不大于 4MPa，表示系统气密性良好。此过程中供气阀均应于关闭状态。如图 6-37 所示。

气瓶阀
开关

高压表

图 6-36 正压式空气呼吸器使用——检查气源压力

供气阀开启按钮

供气阀关闭按钮

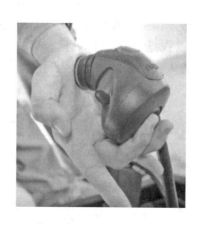

图 6-37 正压式空气呼吸器使用——检查整机系统气密性

（3）检查残气报警装置　打开气瓶阀开关，稍后关闭。用掌心挡住出气口，按下供气阀开关，慢慢松开出气口让它缓缓排气，观察压力表指针的下降，当压力降至 4～6MPa 时，报警器应发出哨笛报警信号。

（4）检查全面罩的密封性　佩戴好全面罩，用手掌心捂住面罩接口处，深呼吸数次，感到吸气困难，证明面罩气密性良好。如图 6-38 所示。

图 6-38　正压式空气呼吸器使用——检查全面罩的密封性

（5）检查供气阀的供气状况　打开气瓶阀开关，佩戴好全面罩，将供气阀插入全面罩。深吸一口气，听到"啪"的一声，供气阀气门打开供气。深呼吸几次检查供气阀性能，吸气和呼气都应舒畅无不适感觉。屏住呼吸后关闭供气阀开关，面罩内有股连续气流正常供气，证明供气阀工作正常。

6.4.2　正压式空气呼吸器的使用步骤

（1）将空气呼吸器气瓶瓶底向上背在肩上。如图 6-39（a）所示。

（2）将大拇指插入肩带调节带的扣中向下拉，调节到背负舒适为宜。如图 6-39（b）所示。

（3）插上塑料快速插扣，腰带系紧程度以舒适和背托不摆动为宜（首次佩戴前预先调节腰带两侧的三挡扣）。如图 6-39（c）所示。

(a)　　　　　　　(b)　　　　　　　(c)

图 6-39　正压式空气呼吸器使用——操作 1

（4）网罩两边的松紧带拉松。如图 6-40（a）所示。

（5）把下巴放入面罩，由下向上拉上头网罩，将网罩两边的松紧带拉紧，使全面罩双层密封环紧贴面部。如图 6-40(b) 所示。

（6）深吸一口气将供气阀气门打开，呼吸几次感觉舒适后关闭手动开关。按下供气阀开关，检查有无连续的气流供应面罩。如图 6-40(c) 所示。

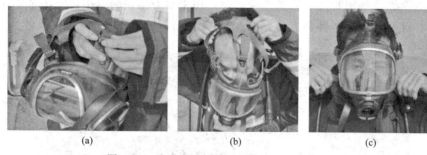

（a）   （b）   （c）

图 6-40　正压式空气呼吸器使用——操作 2

（7）呼吸正常，感觉舒适即可。

（8）在作业过程中供气阀发生故障不能正常供气时，应立即打开供气阀作人工供气，并迅速撤出作业现场。

6.4.3　正压式空气呼吸器使用注意事项

（1）空气呼吸器及其零部件应避免阳光直射，以免橡胶件老化。

（2）空气呼吸器严禁接触油脂。

（3）应建立空气呼吸器的保管、维护和使用制度。

（4）空气瓶不能充装氧气，以免发生爆炸。

（5）每月应对空气呼吸器进行一次全面的检查。

（6）空气呼吸器不宜作潜水呼吸器使用。

（7）压力表应每年进行一次校正。

6.4.4　设备概述

正压式空气呼吸器的使用考核系统是以国家特种作业《特种作业人员安全技术培训考核管理规定》为依据，以《国家安全监管总局关于印发特种作业安全技术实际操作考试标准及考试点设备配备标准（试行）的通知》为标准研发的一款智能化正压式空气呼吸器设备，主要用于"作业现场应急处置"中的一类考题，系统随机分配供考生考试。

安全守则及注意事项：

（1）使用设备前必须熟悉产品技术说明书、使用说明书，按厂方提出的技术规范和程序进行操作，设备使用后按顺序关断电源。

（2）注重设备的环境保护，减少暴晒、水浸及腐蚀物的侵袭，确保设备的绝缘电阻、耐压系数、接地装置及室内的温度、湿度在正常范围内，学会在安全用电状态下工作。

（3）提倡设备在常规操作下工作，谨防在极限条件下操作，禁止做破坏性试验。

（4）严防重物、机械物撞击和超越设备的承载能力和受冲击能力，使设备变形，直至损坏。

（5）如设备出现漏电、短路、灯光显示异常及电火花、机械噪声或异味、冒烟等现象，应立即断电、检查，进行设备维修，切勿使设备"带病"操作和使用。

（6）长期不使用的设备，要做定期检查维护、保养处理，方能进行工作。

（7）设备必须可靠接地。

6.4.5　设备介绍

正压式空气呼吸器的使用考核系统可实现特种作业考试科目四中正压式空气呼吸器的使用的考试。正压式空气呼吸器的使用考核系统分主要由正压式空气呼吸器和考核终端一体机组成，如图 6-41 所示。正压式空气呼吸器的使用考核系统可直接为考生操作智能判分，并将考试成绩提交至考试管理平台。正压式空气呼吸器考核终端一体机功能区和正压式空气呼吸器电源功能介绍见图 6-42 和图 6-43。

(a) 正压式空气呼吸器考核终端一体机　　　　(b) 正压式空气呼吸器

图 6-41　正压式空气呼吸器考核设备

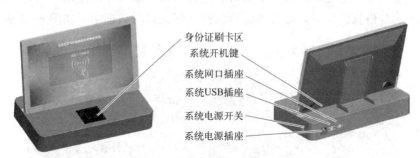

图 6-42　正压式空气呼吸器考核终端一体机功能区介绍

6.4.6　实训（考核）流程

6.4.6.1　信息录入及考试介绍

当科目四考试抽到"正压式空气呼吸器的使用"时，考生需移至"正压式空气呼吸器的使用"考位进行正压式空气呼吸器的使用考核。正压式空气呼吸器的使用考核系统待考界面如图 6-44 所示。

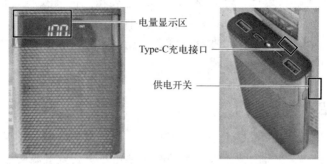

图 6-43　正压式空气呼吸器电源功能介绍

图 6-44　正压式空气呼吸器考核——待考界面

考生直接刷身份证输入考生信息，也可手动输入信息。

（1）刷身份证输入信息　在待考界面时直接将身份证放入身份证刷卡区的位置，几秒后系统会自动识别身份证的信息，并直接将信息输入到信息对话框中，如图 6-45 所示。

图 6-45　正压式空气呼吸器考核——信息录入界面

（2）手动输入信息　用手指单击"手动输入"，进入身份证手动输入界面，单击身份证号或姓名输入框，系统自动弹出虚拟键盘。用虚拟键盘输入考生信息。若输入过程中误操作将虚拟键盘关闭，此时考核触摸屏左侧会显示输入框的部分图标，此时在图中标注处再单击显示的输入框，输入框显示的部分会变多，之后再单击输入框显示的部分，系统自动弹出输入框。输入框输入操作和实际键盘操作类似。如需切换输入法，先按"Ctrl"键，再按"空格"键即可。

　　考试介绍界面如图 6-46 所示，考生直接点击"开始"按钮进入考试设备介绍界面后，再点击"　开始考试　"按钮，正式开始考试。

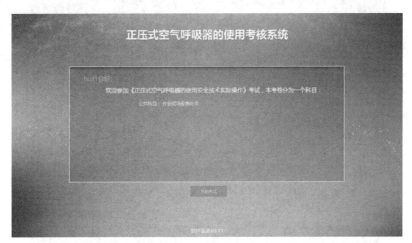

图 6-46　正压式空气呼吸器考核——考试介绍界面

　　开始考试时，系统首先介绍考试内容，再点击"　开始考试　"按钮进入答题界面。

　　考核系统直接出题，其中部分考题为理论选择题，部分题为实际操作题。

6.4.6.2　理论题答题方式

　　考试中考生只需在设备上点击正确的答案进行选择；若为多选题，取消已选的选项只需再次点击即可。若为单选题，可直接选择需要选择的选项，不必重复点击取消已选择的选项。如图 6-47 所示。

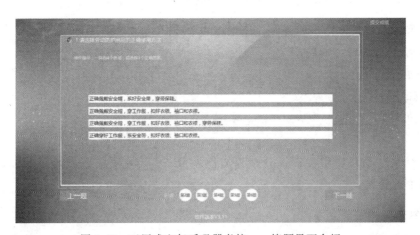

图 6-47　正压式空气呼吸器考核——答题界面介绍

6.4.6.3　实际操作题操作流程

如图 6-48 所示为实际操作考试前设备初始状态检查项，此题不计分，无须作答。考生需根据题面提示，将正压式空气呼吸器对应部件的状态与初始状态表核对一致，再点击"　下一题　"按钮，进入实际操作答题考题，如图 6-49 所示。

图 6-48　正压式空气呼吸器考核——设备初始状态核对题

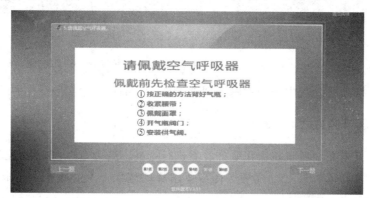

图 6-49　正压式空气呼吸器考核——实操题

考生根据考题要求，按步骤开始使用正压式空气呼吸器，操作流程如下：
① 按正确的方法背好气瓶；
② 收紧腰带；
③ 佩戴面罩；
④ 开气瓶阀门；
⑤ 安装供气阀。

正压式空气呼吸器使用操作过程结束后，点击"　下一题　"后，脱卸正压式空气呼吸器，开始后面的答题。

6.4.6.4　答题结束

确认答题完成后，点击右上角"提交成绩"按钮，如图 6-50 所示，系统弹出答题数量提示框。

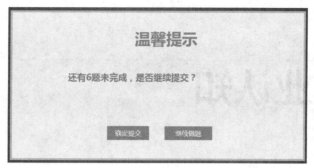

图 6-50　正压式空气呼吸器考核——提交成绩按钮

点击"继续做题"可返回答题界面继续答题，点击"确定提交"提交，确认提交"正压式空气呼吸器的使用"考试成绩，考核系统直接显示本次考试答题得分页面，点击"下一步"开始进行结束答题，如图 6-51 所示。

图 6-51　正压式空气呼吸器考核——考核情况表

答题结束后，系统显示本科目的总成绩，如图 6-52 所示。

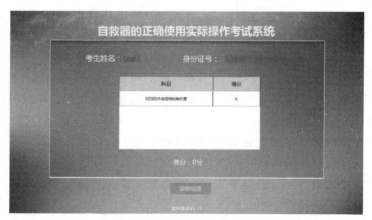

图 6-52　正压式空气呼吸器考核——考核成绩

点击"保存成绩"按钮，系统自动提交成绩，并回到待考界面，方便下一位考生继续考试。

第7章

特殊作业认知

随着化工行业的快速发展及特殊作业对于化工行业的重要性，特殊作业越来越多地出现在化工行业的各个阶段，而特殊作业中的动火作业及受限空间作业又是造成事故频发的两项作业。因此，加强特殊作业安全风险管控，明确管理要求，来减少重特大事故的发生显得尤为迫切。

特殊作业（图7-1）是指危险化学品企业生产经营过程中可能涉及的动火、进入受限空间、盲板抽堵、高处作业、吊装、临时用电、动土、断路等，对作业者本人、他人及周围建（构）筑物、设备设施可能造成危害或损毁的作业。特殊作业的具体要求由标准GB 30871—2022来规定。特殊作业适用于危险化学品生产、经营（带储存）企业，化工及医药类企业。

图 7-1 特殊作业的类型

与该作业相关的通用要求有如下内容。

（1）作业前，危险化学品企业应组织作业单位对作业现场和作业过程中可能存在的危险有害因素进行辨识，开展作业危害分析，制订相应的安全风险管控措施。

（2）作业前，危险化学品企业应采取措施对拟作业的设备设施、管线进行相应的安全处理，确保满足相应作业安全要求。

（3）进入作业现场的人员应正确佩戴满足GB 39800.1要求的个体防护装备。

（4）作业前，危险化学品企业应对参加作业的人员进行安全措施交底。

（5）作业前，危险化学品企业应组织作业单位对作业现场及作业涉及的设备、设施、工器具等进行检查。

（6）作业前，危险化学品企业应组织办理作业审批手续，并由相关责任人签字审批。同一作业涉及两种或两种以上特殊作业时，应同时执行各自作业要求，办理相应的作业审批手续。作业时，审批手续应齐全、安全措施应全部落实、作业环境应符合安全要求。

（7）同一作业区域应减少、控制多工种、多层次交叉作业，最大限度避免交叉作业；交叉作业应由危险化学品企业指定专人统一协调管理，作业前要组织开展交叉作业风险辨识，采取可靠的保护措施，并保持作业之间信息畅通，确保作业安全。

（8）当生产装置或作业现场出现异常，可能危及作业人员安全时，作业人员应立即停止作业，迅速撤离，并及时通知相关单位及人员。

（9）特殊作业涉及的特种作业和特种设备作业人员应取得相应资格证书，持证上岗。

（10）作业期间应设监护人。监护人应由具有生产（作业）实践经验的人员担任，并经专项培训考试合格，佩戴明显标识，持培训合格证上岗。

监护人的通用职责要求如下：

① 作业前检查安全作业票。安全作业票应与作业内容相符并在有效期内；核查安全作业票中各项安全措施已得到落实。

② 确认相关作业人员持有效资格证书上岗。

③ 核查作业人员配备和使用的个体防护装备满足作业要求。

④ 对作业人员的行为和现场安全作业条件进行检查与监督，负责作业现场的安全协调与联系。

⑤ 当作业现场出现异常情况时应中止作业，并采取安全有效施进行应急处置；当作业人员违章时，应及时制止违章，情节严重时，应收回安全作业、中止作业。

⑥ 作业期间，监护人不应擅自离开作业现场且不应从事与监护无关的事。确需离开作业现场时，应收回安全作业票，中止作业。

（11）作业审批人需认真履行自己的审批职责。

（12）作业时使用的移动式可燃、有毒气体检测仪，氧气检测仪应符合标准要求。

（13）作业现场照明系统配置应符合要求。

（14）作业完毕，应及时恢复作业时拆移的盖板、箅子板、扶手、栏杆、防护罩等安全设施的使用功能，恢复临时封闭的沟渠或地井，并清理作业现场，恢复原状。

（15）作业完毕，应及时进行验收确认。

（16）作业内容变更、作业范围扩大、作业地点转移或超过安全作业票有效期限时，应重新办理安全作业票。

（17）工艺条件、作业条件、作业方式或作业环境改变时，应重新进行作业危害分析，核对风险管控措施，重新办理安全作业票。

（18）安全作业票应规范填写，不得涂改。

7.1　动火作业

7.1.1　认识动火作业

动火作业是指直接或间接产生明火的工艺设施以外的禁火区内可能产生火焰、火花或炽热表面的非常规作业，包括使用电焊、气焊（割）、喷灯、电钻、砂轮、喷砂机等进行的作业。如图 7-2 所示。

动火作业类型有金属切割作业、明火作业、产生火花作业、使用非防爆电器设备作业和机动车辆作业。

7.1.2　作业分级

固定动火区外的动火作业分为特级动火、一级动火和二级动火三个级别。

图 7-2 动火作业

动火作业的升级管理：遇节假日、公休日、夜间或其他特殊情况，动火作业应升级管理。

（1）特级动火作业 在火灾爆炸危险场所处于运行状态下的生产装置设备、管道、储罐、容器等部位上进行的动火作业（包括带压不置换动火作业）；存有易燃易爆介质的重大危险源罐区防火堤内的动火作业。

（2）一级动火作业 在火灾爆炸危险场所进行的除特级动火作业以外的动火作业，管廊上的动火作业按一级动火作业管理。

（3）二级动火作业 除特级动火作业和一级动火作业以外的动火作业。

生产装置或系统全部停车，装置经清洗、置换、分析合格并采取安全隔离措施后，根据其火灾、爆炸危险性大小，经危险化学品企业生产负责人或安全管理负责人批准，动火作业可按二级动火作业管理。

特级、一级动火安全作业票有效期不应超过 8h，二级动火安全作业票有效期不应超过 72h。

7.1.3 作业基本要求

（1）动火作业应有专人监护，作业前应清除动火现场及周围的易燃物品，或采取其他有效安全防火措施，并配备消防器材，满足作业现场应急需求。

（2）凡在盛有或盛装过助燃或易燃易爆危险化学品的设备、管道等生产、储存设施及规定的火灾爆炸危险场所中生产设备上的动火作业，应将上述设备设施与生产系统彻底断开或隔离，不应以水封或仅关闭阀门代替盲板作为隔断措施。

（3）拆除管线进行动火作业时，应先查明其内部介质危险特性、工艺条件及其走向，并根据所要拆除管线的情况制订安全防护措施。

（4）动火点周围或其下方如有可燃物、电缆桥架、孔洞、窨井、地沟、水封设施、污水井等，应检查分析并采取清理或封盖等措施；对于动火点周围 15m 范围内有可能泄漏易燃、可燃物料的设备设施，应采取隔离措施；对于受热分解可产生易燃易爆、有毒有害物质的场所，应进行风险分析并采取清理或封盖等防护措施。

（5）在有可燃物构件和使用可燃物做防腐内衬的设备内部进行动火作业时，应采取防火隔绝措施。

（6）在作业过程中可能释放出易燃易爆、有毒有害物质的设备上或设备内部动火时，动火前应进行风险分析，并采取有效的防范措施，必要时应连续检测气体浓度，发现气体浓度超限报警时，应立即停止作业；在较长的物料管线上动火，动火前应在彻底隔绝区域内分段采样分析。

（7）在生产、使用、储存氧气的设备上进行动火作业时，设备内氧含量不应超过23.5%（体积分数）。

（8）在油气罐区防火堤内进行动火作业时，不应同时进行切水、取样作业。

（9）动火期间，距动火点 30m 内不应排放可燃气体；距动火点 15m 内不应排放可燃液体；在动火点 10m 范围内、动火点上方及下方不应同时进行可燃溶剂清洗或喷漆作业；在动火点 10m 范围内不应进行可燃性粉尘清扫作业。

（10）在厂内铁路沿线 25m 以内动火作业时，如遇装有危险化学品的火车通过或停留时，应立即停止作业。

（11）特级动火作业应采集全过程作业影像，且作业现场使用的摄录设备应为防爆型。

（12）使用电焊机作业时，电焊机与动火点的间距不应超过 10m，不能满足要求时应将电焊机作为动火点进行管理。

（13）使用气焊、气割动火作业时，乙炔瓶应直立放置，不应卧放使用；氧气瓶与乙炔瓶的间距不应小于 5m，二者与动火点间距不应小于 10m，并应采取防晒和防倾倒措施；乙炔瓶应安装防回火装置。

（14）作业完毕后应清理现场，确认无残留火种后方可离开。

（15）遇五级风以上（含五级风）天气，禁止露天动火作业；因生产确需动火，动火作业应升级管理。

（16）涉及可燃性粉尘环境的动火作业应满足 GB 15577 要求。

7.2　受限空间作业

7.2.1　认识受限空间作业

受限空间是指进出受限、通风不良、可能存在易燃易爆、有毒有害物质或缺氧，对进入人员的身体健康和生命安全构成威胁的封闭、半封闭设施及场所。包括反应器、塔、釜、槽、罐、炉膛、锅筒、管道以及地下室、窨井、坑（池）、管沟或其他封闭、半封闭场所。受限空间作业是指进入或探入受限空间进行的作业。图 7-3 为受限空间作业场景。

7.2.2　作业基本要求

（1）作业前，应对受限空间进行安全隔离。

（2）作业前，应保持受限空间内空气流通良好。

（3）作业前，应确保受限空间内的气体环境满足作业要求。

（4）受限空间内气体检测内容及要求如下：

图 7-3 受限空间作业

① 氧气含量为 19.5%～21%（体积分数），在富氧环境下不应大于 23.5%（体积分数）；

② 有毒物质允许浓度应符合 GBZ 2.1 的规定；

③ 可燃气体、蒸气浓度要求应符合相关的规定。

（5）作业时，作业现场应配置移动式气体检测报警仪，连续检测受限空间内可燃气体、有毒气体及氧气浓度，并 2h 记录 1 次；气体浓度超限报警时，应立即停止作业、撤离人员、对现场进行处理，重新检测合格后方可恢复作业。

（6）进入受限空间作业人员应正确穿戴相应的个体防护装备并采取相应的防护措施。

（7）当一处受限空间存在动火作业时，该处受限空间内不应安排涂刷油漆、涂料等其他可能产生有毒有害、可燃物质的作业活动。

（8）对监护人的特殊要求：

① 监护人应在受限空间外进行全程监护，不应在无任何防护措施的情况下探入或进入受限空间；

② 在风险较大的受限空间作业时，应增设监护人员，并随时与受限空间内作业人员保持联络；

③ 监护人应对进入受限空间的人员及其携带的工器具种类、数量进行登记，作业完毕后再次进行清点，防止遗漏在受限空间内。

7.3 盲板抽堵作业

7.3.1 认识盲板抽堵作业

盲板抽堵作业是指在设备、管道上安装和拆除盲板的作业。

7.3.2 作业基本要求

（1）作业前，危险化学品企业应预先绘制盲板位置图，对盲板进行统一编号，并设专人统一指挥作业。

（2）在不同危险化学品企业共用的管道上进行盲板抽堵作业，作业前应告知上下游相关单位。

（3）作业单位应根据管道内介质的性质、温度、压力和管道法兰密封面的口径等选择相应材料、强度、口径和符合设计、制造要求的盲板及垫片，高压盲板使用前应经超声波探伤。

（4）作业单位应按位置图进行盲板抽堵作业，并对每个盲板进行标识，标牌编号应与盲板位置图上的盲板编号一致，危险化学品企业应逐一确认并做好记录。

（5）作业前，应降低系统管道压力至常压，保持作业现场通风良好，并设专人监护。

（6）在火灾爆炸危险场所进行盲板抽堵作业时，作业人员应穿防静电工作服、工作鞋，并使用防爆工具，距盲板抽堵作业地点 30m 内不应有动火作业。

（7）在强腐蚀性介质的管道、设备上进行盲板抽堵作业时，作业人员应采取防止酸碱化学灼伤的措施。

（8）在介质温度较高或较低、可能造成人员烫伤或冻伤的管道、设备上进行盲板抽堵作业时，作业人员应采取防烫、防冻措施。

（9）在有毒介质的管道、设备上进行盲板抽堵作业时，作业人员应按 GB 39800.1 的要求选用防护用具。在涉及硫化氢、氯气、氨气、一氧化碳及氧化物等毒性气体的管道、设备上进行作业时，除满足上述要求外，还应佩戴移动式气体检测仪。

（10）不应在同一管道上同时进行两处或两处以上的盲板抽堵作业。

（11）同一盲板的抽、堵作业，应分别办理盲板抽、堵安全作业票，一张安全作业票只能进行一块盲板的一项作业。

（12）盲板抽堵作业结束，由作业单位和危险化学品企业专人共同确认。

图 7-4 为盲板抽堵作业场景。

图 7-4　盲板抽堵作业

7.4　高处作业

7.4.1　认识高处作业

高处作业是指在距坠落基准面 2m 及 2m 以上有可能坠落的高处进行的作业。图 7-5 为高处作业场景。

7.4.2　作业分级

（1）作业高度 h 按照 GB/T 3608 分为四个区段：

$2m \leqslant h \leqslant 5m$；$5m < h \leqslant 15m$；$15m < h \leqslant 30m$；$h > 30m$。

图 7-5　高处作业

（2）直接引起坠落的客观危险因素主要分为 9 种：

① 阵风风力五级（风速 8.0m/s）以上；

② 平均气温等于或低于 5℃ 的作业环境；

③ 接触冷水温度等于或低于 12℃ 的作业；

④ 作业场地有冰、雪、霜、油、水等易滑物；

⑤ 作业场所光线不足或能见度差；

⑥ 作业活动范围与危险电压带电体的距离小于表 7-1 的规定；

表 7-1　作业活动范围与危险电压带电体的距离

危险电压带电体的电压等级/kV	≤10	35	63～110	220	330	500
距离/m	1.7	2.0	2.5	4.0	5.0	6.0

⑦ 摆动，立足处不是平面或只有很小的平面，即任一边小于 500mm 的矩形平面、直径小于 500mm 的圆形平面或具有类似尺寸的其他形状的平面，致使作业者无法维持正常姿势；

⑧ 存在有毒气体或空气中含氧量低于 19.5%（体积分数）的作业环境；

⑨ 可能会引起各种灾害事故的作业环境和抢救突然发生的各种灾害事故。

不存在上述条款列出的任一种客观危险因素的高处作业按表 7-2 规定的 A 类法分级，存在上述条款列出的一种或一种以上客观危险因素的高处作业按表 7-2 规定的 B 类法分级。

表 7-2　高处作业分级

分类法	高处作业高度/m			
	$2 \leqslant h \leqslant 5$	$5 < h \leqslant 15$	$15 < h \leqslant 30$	$h > 30$
A	Ⅰ	Ⅱ	Ⅲ	Ⅳ
B	Ⅱ	Ⅲ	Ⅳ	Ⅳ

7.4.3　作业基本要求

（1）高处作业人员应正确佩戴符合 GB 6095 要求的安全带及符合 GB 24543 要求的安全绳，30m 以上高处作业应配备通信联络工具。

（2）高处作业应设专人监护，作业人员不应在作业处休息。

（3）应根据实际需要配备符合安全要求的作业平台、吊笼、梯子、挡脚板、跳板等；脚手架的搭设、拆除和使用应符合 GB 51210 等有关标准要求。

（4）高处作业人员不应站在不牢固的结构物上进行作业；在彩钢板屋顶、石棉瓦、瓦楞板等轻型材料上作业，应铺设牢固的脚手板并加以固定，脚手板上要有防滑措施；不应在未固定、无防护设施的构件及管道上进行作业或通行。

（5）在邻近排放有毒、有害气体、粉尘的放空管线或烟囱等场所进行作业时，应预先与作业属地生产人员取得联系，并采取有效的安全防护措施，作业人员应配备必要的符合国家相关标准的防护装备（如隔绝式呼吸防护装备、过滤式防毒面具或口罩等）。

（6）雨天和雪天作业时，应采取可靠的防滑、防寒措施；遇有五级风以上（含五级风）、浓雾等恶劣天气，不应进行高处作业、露天攀登与悬空高处作业；暴风雪、台风、暴雨后，应对作业安全设施进行检查，发现问题应立即处理。

（7）作业使用的工具、材料、零件等应装入工具袋，上下时手中不应持物，不应投掷工具、材料及其他物品；易滑动、易滚动的工具、材料堆放在脚手架上时，应采取防坠落措施。

（8）在同一坠落方向上，一般不应进行上下交叉作业，如需进行交叉作业，中间应设置安全防护层，坠落高度超过 24m 的交叉作业，应设双层防护。

（9）因作业需要，须临时拆除或变动作业对象的安全防护设施时，应经作业审批人员同意，并采取相应的防护措施，作业后应及时恢复。

（10）拆除脚手架、防护棚时，应设警戒区并派专人监护，不应上下同时施工。

（11）安全作业票的有效期最长为 7 天。当作业中断，再次作业前，应重新对环境条件和安全措施进行确认。

7.5　吊装作业

7.5.1　认识吊装作业

吊装作业是指利用各种吊装机具将设备、工件、器具、材料等吊起，使其发生位置变化的作业。图 7-6 为吊装作业场景。

7.5.2　作业分级

吊装作业按照吊物质量 m 不同分为：

（1）一级吊装作业　$m > 100t$。

（2）二级吊装作业　$40t \leqslant m \leqslant 100t$。

（3）三级吊装作业　$m < 40t$。

7.5.3　作业基本要求

（1）一、二级吊装作业，应编制吊装作业方案。吊装物体质量虽不足 40t，但形状复杂、刚度小、长径比大、精密贵重，以及在作业条件特殊的情况下，三级吊装作业也应编制吊装作业方案；吊装作业方案应经审批。

图 7-6　吊装作业

（2）吊装场所如有含危险物料的设备、管道时，应制订详细吊装方案，并对设备、管道采取有效防护措施，必要时停车，放空物料，置换后再进行吊装作业。

（3）不应靠近高架电力线路进行吊装作业。

（4）大雪、暴雨、大雾、六级及以上大风时，不应露天作业。

（5）作业前，作业单位应对起重机械、吊具、索具、安全装置等进行检查，确保其处于完好、安全状态，并签字确认。

（6）指挥人员应佩戴明显的标志，并按 GB/T 5082 规定的联络信号进行指挥。

（7）应按规定负荷进行吊装，吊具、索具应经计算选择使用，不应超负荷吊装。

（8）不应利用管道、管架、电杆、机电设备等作吊装锚点；未经土建专业人员审查核算，不应将建筑物、构筑物作为锚点。

（9）起吊前应进行试吊，试吊中检查全部机具、锚点受力情况，发现问题应立即将吊物放回地面，排除故障后重新试吊，确认正常后方可正式吊装。

（10）吊装作业人员应遵守相应的作业规程和规定。

（11）司索人员应遵守相应的作业规程和规定。

（12）监护人员应确保吊装过程中警戒范围区内没有非作业人员或车辆经过，吊装过程中吊物及起重臂移动区域下方不应有任何人员经过或停留。

（13）用定型起重机械（例如履带吊车、轮胎吊车、桥式吊车等）进行吊装作业时，除遵守基本要求外，还应遵守该定型起重机械的操作规程。

（14）作业完毕应做好相应的收尾工作。

7.6　临时用电作业

7.6.1　认识临时用电作业

临时用电作业是指在正式运行的电源上所接的非永久性用电。图 7-7 为临时用电作业场景。

图 7-7　临时用电作业

7.6.2　作业基本要求

（1）在运行的火灾爆炸危险性生产装置、罐区和具有火灾爆炸危险场所内不应接临时电源。

（2）各类移动电源及外部自备电源，不应接入电网。

（3）在开关上接引、拆除临时用电线路时，其上级开关应断电、加锁，并挂安全警示标牌，接、拆线路作业时，应有监护人在场。

（4）临时用电应设置保护开关，使用前应检查电气装置和保护设施的可靠性。所有的临时用电均应设置接地保护。

（5）临时用电设备和线路应按供电电压等级和容量正确配置、使用，所用的电器元件应符合国家相关产品标准及作业现场环境要求，临时用电电源施工、安装应符合 GB 50194 的有关要求，并有良好的接地。

（6）临时用电还应满足相应的安全防护要求。

（7）未经批准，临时用电单位不应向其他单位转供电或增加用电负荷，以及变更用电地点和用途。

（8）临时用电时间一般不超过 15 天，特殊情况不应超过 30 天；用于动火、受限空间作业的临时用电时间应和相应作业时间一致；用电结束后，用电单位应及时通知供电单位拆除临时用电线路。

7.7　动土作业

7.7.1　认识动土作业

动土作业是指挖土、打桩、钻探、坑探、地锚入土深度在 0.5m 以上，使用推土机、压路机等施工机械进行填土或平整场地等可能对地下隐蔽设施产生影响的作业。图 7-8 为动土作业场景。

图 7-8　动土作业

7.7.2　作业基本要求

（1）作业前，应检查工器具、现场支撑是否牢固、完好，发现问题应及时处理。

（2）作业现场应根据需要设置护栏、盖板和警告标志，夜间应悬挂警示灯。

（3）在动土开挖前，应先做好地面和地下排水，防止地面水渗入作业层面造成塌方。

（4）作业前，作业单位应了解地下隐蔽设施的分布情况，作业临近地下隐蔽设施时，应使用适当工具人工挖掘，避免损坏地下隐蔽设施；如暴露出电缆、管线以及不能辨认的物品时，应立即停止作业，妥善加以保护，报告动土审批单位，经采取保护措施后方可继续作业。

（5）挖掘坑、槽、井、沟等作业，应遵守相应的操作规程和规定。

（6）机械开挖时，应避开构筑物、管线，在距管道边1m范围内应采用人工开挖；在距直埋管线2m范围内宜采用人工开挖，避免对管线或电缆造成影响。

（7）动土作业人员在沟（槽、坑）下作业应按规定坡度顺序进行，使用机械挖掘时，人员不应进入机械旋转半径内；深度大于2m时，应设置人员上下的梯子等能够保证人员快速进出的设施；两人以上同时挖土时应相距2m以上，防止工具伤人。

（8）动土作业区域周围发现异常时，作业人员应立即撤离作业现场。

（9）在生产装置区、罐区等危险场所动土时，监护人员应与所在区域的生产人员建立联系，当生产装置区、罐区等场所发生突然排放有害物质时，监护人员应立即通知作业人员停止作业，迅速撤离现场。

（10）在生产装置区、罐区等危险场所动土时，遇有埋设的易燃易爆、有毒有害介质管线、窨井等可能引起燃烧、爆炸、中毒、窒息危险，且挖掘深度超过1.2m时，应执行受限空间作业相关规定。

（11）动土作业结束后，应及时回填土石，恢复地面设施。

7.8 断路作业

7.8.1 认识断路作业

断路作业是指生产区域内，交通主、支路与车间引道上进行工程施工、吊装、吊运等各种影响正常交通的作业。图7-9为断路作业场景。

图7-9 断路作业

7.8.2 作业基本要求

（1）作业前，作业单位应会同危险化学品企业相关部门制订交通组织方案，应能保证消防车和其他重要车辆的通行，并满足应急救援要求。

（2）作业单位应根据需要在断路的路口和相关道路上设置交通警示标志，在作业区域附近设置路栏、道路作业警示灯、导向标等交通警示设施。

（3）在道路上进行定点作业，白天不超过 2h、夜间不超过 1h 即可完工的，在有现场交通指挥人员指挥交通的情况下，只要作业区域设置了相应的交通警示设施，可不设标志牌。

（4）在夜间或雨、雪、雾天进行断路作业时设置的道路作业警示灯，应满足相应的要求。

（5）作业结束后，作业单位应清理现场，撤除作业区域、路口设置的路栏、道路作业警示灯、导向标等交通警示设施，并与危险化学品企业检查核实，报告有关部门恢复交通。

7.9　特殊作业事故案例及分析

2019 年 4 月 15 日 15 时 10 分左右，位于济南市某公司四车间地下室，在冷媒系统管道改造过程中，发生重大着火中毒事故，造成 10 人死亡、12 人受伤、直接经济损失 1867 万元。图 7-10 为 10 名作业人员遇难位置示意图。

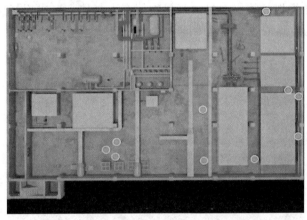

图 7-10　10 名作业人员遇难位置示意图

7.9.1　事故发生经过

2019 年 4 月 15 日，该公司安排对四车间地下室 -15℃冷媒管道系统进行改造。上午 8 点 30 分左右，公司技改处安排某公司施工负责人姬某带领施工人员到达四车间地下室。携带工器具主要有临时用电配电箱一个、便携式小型电焊机两台、手持式电动切割机两台、冲击电钻一台，以及扳手、钳子、锤头等。8 点 50 分左右，四车间副主任王某、自动化控制工程师刘某到达现场，向姬某等施工人员口头交代具体改造工作，之后，王某、刘某、姬某陆续离开现场。9 点左右，四车间工段长李某填写二级动火证和临时用电许可证，二级动火证经四车间主持工作的副主任昊某签署批准后，四车间安全员徐某通知公司 EHS 办公室主管人员赵某一同进行现场审核确认。李某找四车间电工王某办理临时用电许可证，王某于 9 点 10 分左右确认现场条件后签字；李某找王某签字批准后，把一式三联临时用电许可证交给四车间安排的施工作业监护人孙某。9 点 30 分左右，赵某来到现场查看，签署动火票后，将一式三联动火票交与四车间安全员徐某后离开，之后，徐某将动火票交给监护人孙某。赵某走后，王某为施工队办理临时用电接线取电，施工人员开始进行拆卸法兰、切割管道等作业。11 点 30 分左右，施工人员离开施工现场去吃饭。

13 点 20 分左右，施工人员返回施工现场。13 点 30 分左右，刘某和车间工段长王某到现场再次口头交代施工方案，稍后分别离开。15 点左右，刘某来到地下室了解改造施工情况，7 名施工人员在内室作业，四车间监护人孙某在场，四车间维修班高某、王某 2 人在内室循环水箱南侧进行引风机风道维护作业，四车间操作工赵某在内室门口附近清理地面积水。随后，姬某也来到作业现场。15 点 10 分左右，刘某和姬某在转身离开地下室内室时，听见作业区域有异常声音，刘某和赵某看到堆放冷媒增效剂的位置上方冒出火光，随即产生爆燃，黄色烟雾迅速弥漫。刘某、赵某、姬某三人因现场烟雾大、气味呛，跑出地下室。

刘某跑出地下室后，立即打电话向四车间副主任王某报告，企业立即组织应急救援。

7.9.2　直接原因

该公司四车间地下室管道改造作业过程中，违规进行动火作业，电焊或切割产生的焊渣或火花引燃现场的堆放的冷媒增效剂（主要成分是为氧化剂亚硝酸钠，有机物苯并三氮唑、苯甲酸钠），瞬间产生爆燃，放出大量氮氧化物等有毒气体，造成现场施工和监护人员中毒窒息死亡。图 7-11 为冷媒增效剂燃爆瞬间。

图 7-11　冷媒增效剂燃爆瞬间

7.9.3　间接原因

（1）风险辨识及管控措施不到位　对动火作业没有按标准判定风险等级，四车间动火作业风险分级管控 JHA 记录表中，将动火风险全部判定为低风险。未了解采购的 LMZ 冷媒增效剂组分及其危险性。风险管控措施不落实，负责对此次动火作业现场审核确认及审批的相关人员，未对作业现场存放的 LMZ 冷媒增效剂进行风险辨识，未督促现场作业人员及时移除或采取隔离措施。

（2）对特殊作业安全管理不到位　票证管理混乱，未按规定存放动火和临时用电特殊作业票证，未按公司制度在车间公告展板展示；受限空间管理未结合现场情况的变化重新进行辨识，未将作业条件发生变化的地下室纳入受限空间管理，未办理受限空间作业票证；作业前风险分析、现场确认环节存在重大缺陷；动火作业审批把关不严，安全措施落实不到位，违规将动火作业票证交给现场监护人、作业人，形成事实上的审批。

7.9.4　事故教训

此次事故的发生充分暴露出了从业人员对特殊作业认知的不到位，继而出现了对特殊作业制度执行不到位、作业前风险识别不清、作业过程中风险管控不到位、监护人监护能力不足等问题，进而导致事故的发生。所以，对于本次事故，就特殊作业方面而言应当吸取的教训如下。

（1）涉及特殊作业时一定要按照标准里的强制条款严格执行。

（2）涉及交叉作业时，要有专人统一负责协调，作业前要进行专项风险识别，采取可靠保护措施且作业中要保持信息的畅通。

（3）由于动火作业和受限空间作业是事故高发的两项作业，在涉及这两项作业的时候一定要更加谨慎小心，特别是这两项作业交叉时，风险程度增大。

（4）风险识别一定要在现场开展，并制订相应的风险管控措施，应在现场书面交底。

（5）从某种意义上讲，特殊作业人员的健康和生命掌握在作业监护人的手中，所以监护人应由生产实践人员担任，并经专项考试合格，佩戴明显标识，持证上岗，在监护过程中一定要履行好监护人的六项工作职责。

（6）特殊作业的危险程度虽然高于一般作业，但并不意味着作业的风险不可控和事故的减少不可能。纵观事故的发生规律，无非就是从业人员违反了相关的法律法规标准等的规定，使从业人员的行为、物的状态及环境的管理处于不安全的境地进而诱发事故。因此，从业人员一定要认真学习好相关的法律法规标准对于安全生产的要求和规定，减少生产安全事故的发生。

第8章
危险工艺认知

危险化学品生产中的大多数物料及产品都具有易燃易爆、有毒有害、腐蚀性强等的危险性质，且化工生产规模大、连续性强，不同的化学反应有不同的工艺条件，不同的化工过程有不同的操作规程，正确理解和掌握这些典型的化学反应过程和相应的安全生产技术，对危险化学品安全生产管理是非常重要的。

本章依据原国家安全监管总局关于公布的首批重点监管的危险化工工艺目录的通知（安监总管三〔2009〕116 号）和原国家安全监管总局关于公布第二批重点监管危险化工工艺目录和调整首批重点监管危险化工工艺中部分典型工艺的通知（安监总管三〔2013〕3 号），简要地介绍 18 种常见的危险化工工艺，对危险工艺有初步的认知。

8.1　光气及光气化工艺

光气及光气化工艺见表 8-1。光气及光气化工艺作业仿真实训现场见图 8-1。

表 8-1　光气及光气化工艺

反应类型	放热反应	重点监控单元	光气化反应釜、光气储运单元
工艺简介			
光气及光气化工艺包含光气的制备工艺，以及以光气为原料制备光气化产品的工艺路线，光气化工艺主要分为气相和液相两种			
工艺危险特点			
(1)光气为剧毒气体，在储运、使用过程中发生泄漏后，易造成大面积污染、中毒事故； (2)反应介质具有燃爆危险性； (3)副产物氯化氢具有腐蚀性，易造成设备和管线泄漏使人员发生中毒事故			
典型工艺			
一氧化碳与氯气的反应得到光气； 光气合成双光气、三光气； 采用光气作单体合成聚碳酸酯； 甲苯二异氰酸酯(TDI)的制备； 异氰酸酯的制备； 4,4′-二苯基甲烷二异氰酸酯(MDI)的制备等			
重点监控工艺参数			
一氧化碳、氯气含水量；反应釜温度、压力；反应物质的配料比；光气进料速度；冷却系统中冷却介质的温度、压力、流量等			
安全控制的基本要求			
事故紧急切断阀；紧急冷却系统；反应釜温度、压力报警联锁；局部排风设施；有毒气体回收及处理系统；自动泄压装置；自动氨或碱液喷淋装置；光气、氯气、一氧化碳监测及超限报警；双电源供电			

宜采用的控制方式
光气及光气化生产系统一旦出现异常现象或发生光气及其剧毒产品泄漏事故时,应通过自控联锁装置启动紧急停车并自动切断所有进出生产装置的物料,将反应装置迅速冷却降温,同时将发生事故设备内的剧毒物料导入事故槽内,开启氨水、稀碱液喷淋,启动通风排毒系统,将事故部位的有毒气体排至处理系统

图 8-1　光气及光气化工艺作业仿真实训现场

8.2　电解工艺（氯碱）

电解工艺（氯碱）见表 8-2。氯碱工艺作业仿真实训现场见图 8-2。

表 8-2　电解工艺（氯碱）

反应类型	吸热反应	重点监控单元	电解槽、氯气储运单元
工艺简介			
电流通过电解质溶液或熔融电解质时,在两个极上所引起的化学变化称为电解反应。涉及电解反应的工艺过程为电解工艺。许多基本化学工业产品(氢、氧、氯、烧碱、过氧化氢等)的制备,都是通过电解来实现的			
工艺危险特点			
(1)电解食盐水过程中产生的氢气是极易燃烧的气体,氯气是氧化性很强的剧毒气体,两种气体混合极易发生爆炸,当氯气中含氢量达到 5% 以上,则随时可能在光照或受热情况下发生爆炸; 　(2)如果盐水中存在的铵盐超标,在适宜的条件(pH<4.5)下,铵盐和氯作用可生成氯化铵,浓氯化铵溶液与氯还可生成黄色油状的三氯化氮。三氯化氮是一种爆炸性物质,与许多有机物接触或加热至 90℃ 以上以及被撞击、摩擦等,即发生剧烈的分解而爆炸; 　(3)电解溶液腐蚀性强; 　(4)液氯的生产、储存、包装、输送、运输可能发生液氯的泄漏			
典型工艺			
氯化钠(食盐)水溶液电解生产氯气、氢氧化钠、氢气; 　氯化钾水溶液电解生产氯气、氢氧化钾、氢气			
重点监控工艺参数			
电解槽内液位;电解槽内电流和电压;电解槽进出物料流量;可燃和有毒气体浓度;电解槽的温度和压力;原料中铵含量;氯气杂质含量(水、氢气、氧气、三氯化氮等)等			
安全控制的基本要求			
电解槽温度、压力、液位、流量报警和联锁;电解供电整流装置与电解槽供电的报警和联锁;紧急联锁切断装置;事故状态下氯气吸收中和系统;可燃和有毒气体检测报警装置等			

宜采用的控制方式
将电解槽内压力、槽电压等形成联锁关系,系统设立联锁停车系统。 安全设施,包括安全阀、高压阀、紧急排放阀、液位计、单向阀及紧急切断装置等

图 8-2　氯碱工艺作业仿真实训现场

8.3　氯化工艺

氯化工艺见表 8-3。氯化工艺作业仿真实训现场见图 8-3。

表 8-3　氯化工艺

反应类型	放热反应	重点监控单元	氯化反应釜、氯气储运单元
工艺简介			
氯化是化合物的分子中引入氯原子的反应,包含氯化反应的工艺过程为氯化工艺,主要包括取代氯化、加成氯化、氧氯化等			
工艺危险特点			
(1)氯化反应是一个放热过程,尤其在较高温度下进行氯化,反应更为剧烈,速度快,放热量较大; (2)所用的原料大多具有燃爆危险性; (3)常用的氯化剂氯气本身为剧毒化学品,氧化性强,储存压力较高,多数氯化工艺采用液氯生产是先汽化再氯化,一旦泄漏危险性较大; (4)氯气中的杂质,如水、氢气、氧气、三氯化氮等,在使用中易发生危险,特别是三氯化氮积累后,容易引发爆炸危险; (5)生成的氯化氢气体遇水后腐蚀性强; (6)氯化反应尾气可能形成爆炸性混合物			
典型工艺			
(1)取代氯化 氯取代烷烃的氢原子制备氯代烷烃; 氯取代苯的氢原子生产六氯化苯; 氯取代萘的氢原子生产多氯化萘; 甲醇与氯反应生产氯甲烷; 乙醇和氯反应生产氯乙烷(氯乙醛类); 乙酸与氯反应生产氯乙酸; 氯取代甲苯的氢原子生产苄基氯等。 (2)加成氯化 乙烯与氯加成氯化生产 1,2-二氯乙烷;			

典型工艺
乙炔与氯加成氯化生产1,2-二氯乙烯; 乙炔和氯化氢加成生产氯乙烯等。 (3)氧氯化 乙烯氧氯化生产二氯乙烷; 丙烯氧氯化生产1,2-二氯丙烷; 甲烷氧氯化生产甲烷氯化物; 丙烷氧氯化生产丙烷氯化物等。 (4)其他工艺 硫与氯反应生成一氯化硫; 四氯化钛的制备; 黄磷与氯气反应生产三氯化磷、五氯化磷; 次氯酸、次氯酸钠或N-氯代丁二酰亚胺与胺反应制备N-氯化物; 氯化亚砜作为氯化剂制备氯化物等

重点监控工艺参数
氯化反应釜温度和压力;氯化反应釜搅拌速率;反应物料的配比;氯化剂进料流量;冷却系统中冷却介质的温度、压力、流量等;氯气杂质含量(水、氢气、氧气、三氯化氮等);氯化反应尾气组成等

安全控制的基本要求
反应釜温度和压力的报警和联锁;反应物料的比例控制和联锁;搅拌的稳定控制;进料缓冲器;紧急进料切断系统;紧急冷却系统;安全泄放系统;事故状态下氯气吸收中和系统;可燃和有毒气体检测报警装置等

宜采用的控制方式
将氯化反应釜内温度、压力与釜内搅拌、氯化剂流量、氯化反应釜夹套冷却水进水阀形成联锁关系,设立紧急停车系统。安全设施,包括安全阀、高压阀、紧急放空阀、液位计、单向阀及紧急切断装置等

图 8-3 氯化工艺作业仿真实训现场

8.4 硝化工艺

硝化工艺见表 8-4。硝化工艺作业仿真实训现场见图 8-4。

表 8-4 硝化工艺

反应类型	放热反应	重点监控单元	硝化反应釜、分离单元
工艺简介			

工艺简介
硝化是有机化合物分子中引入硝基($-NO_2$)的反应,最常见的是取代反应。硝化方法可分成直接硝化法、间接硝化法和亚硝化法,分别用于生产硝基化合物、硝胺、硝酸酯和亚硝基化合物等。涉及硝化反应的工艺过程为硝化工艺

工艺危险特点

(1)反应速率快,放热量大。大多数硝化反应是在非均相中进行的,反应组分的不均匀分布容易引起局部过热导致危险。尤其在硝化反应开始阶段,停止搅拌或由于搅拌叶片脱落等造成搅拌失效是非常危险的,一旦搅拌再次开动,就会突然引发局部激烈反应,瞬间释放大量的热量,引起爆炸事故;

(2)反应物料具有燃爆危险性;

(3)硝化剂具有强腐蚀性、强氧化性,与油脂、有机化合物(尤其是不饱和有机化合物)接触能引起燃烧或爆炸;

(4)硝化产物、副产物具有爆炸危险性

典型工艺

(1)直接硝化法

丙三醇与混酸反应制备硝酸甘油;

氯苯硝化制备邻硝基氯苯、对硝基氯苯;

苯硝化制备硝基苯;

蒽醌硝化制备 1-硝基蒽醌;

甲苯硝化生产三硝基甲苯(俗称梯恩梯,TNT);

丙烷等烷烃与硝酸通过气相反应制备硝基烷烃;

硝酸胍、硝基胍的制备;

浓硝酸、亚硝酸钠和甲醇制备亚硝酸甲酯等。

(2)间接硝化法

苯酚采用磺酰基的取代硝化制备苦味酸等。

(3)亚硝化法

2-萘酚与亚硝酸盐反应制备 1-亚硝基-2-萘酚;

二苯胺与亚硝酸钠和硫酸水溶液反应制备对亚硝基二苯胺等

重点监控工艺参数

硝化反应釜内温度、搅拌速率;硝化剂流量;冷却水流量;pH 值;硝化产物中杂质含量;精馏分离系统温度;塔釜杂质含量等

安全控制的基本要求

反应釜温度的报警和联锁;自动进料控制和联锁;紧急冷却系统;搅拌的稳定控制和联锁系统;分离系统温度控制与联锁;塔釜杂质监控系统;安全泄放系统等

宜采用的控制方式

将硝化反应釜内温度与釜内搅拌、硝化剂流量、硝化反应釜夹套冷却水进水阀形成联锁关系,在硝化反应釜处设立紧急停车系统,当硝化反应釜内温度超标或搅拌系统发生故障,能自动报警并自动停止加料。分离系统温度与加热、冷却形成联锁,温度超标时,能停止加热并紧急冷却。

硝化反应系统应设有泄爆管和紧急排放系统

图 8-4　硝化工艺作业仿真实训现场

8.5　合成氨工艺

合成氨工艺见表 8-5。合成氨工艺作业仿真实训现场见图 8-5。

表 8-5　合成氨工艺

反应类型	吸热反应	重点监控单元	合成塔、压缩机、氨储存系统
工艺简介			
氮和氢两种组分按一定比例(1∶3)组成的气体(合成气),在高温、高压下(一般为 400～450℃,15～30MPa)经催化反应生成氨的工艺过程			
工艺危险特点			
(1)高温、高压使可燃气体爆炸极限扩宽,气体物料一旦过氧(亦称透氧),极易在设备和管道内发生爆炸; (2)高温、高压气体物料从设备管线泄漏时会迅速膨胀与空气混合形成爆炸性混合物,遇到明火或因高流速物料与裂(喷)口处摩擦产生静电火花引起着火和空间爆炸; (3)气体压缩机等转动设备在高温下运行会使润滑油挥发裂解,在附近管道内造成积炭,可导致积炭燃烧或爆炸; (4)高温、高压可加速设备金属材料发生蠕变、改变金相组织,还会加剧氢气、氮气对钢材的氢蚀及渗氮,加剧设备的疲劳腐蚀,使其机械强度减弱,引发物理爆炸; (5)液氨大规模事故性泄漏会形成低温云团引起大范围人群中毒,遇明火还会发生空间爆炸			
典型工艺			
(1)节能 AMV 法; (2)德士古水煤浆加压气化法; (3)凯洛格法; (4)甲醇与合成氨联合生产的联醇法; (5)纯碱与合成氨联合生产的联碱法; (6)采用变换催化剂、氧化锌脱硫剂和甲烷催化剂的"三催化"气体净化法等			
重点监控工艺参数			
合成塔、压缩机、氨储存系统的运行基本控制参数,包括温度、压力、液位、物料流量及比例等			
安全控制的基本要求			
合成氨装置温度、压力报警和联锁;物料比例控制和联锁;压缩机的温度、入口分离器液位、压力报警联锁;紧急冷却系统;紧急切断系统;安全泄放系统;可燃、有毒气体检测报警装置			
宜采用的控制方式			
将合成氨装置内温度、压力与物料流量、冷却系统形成联锁关系;将压缩机温度、压力、入口分离器液位与供电系统形成联锁关系;紧急停车系统。 合成单元自动控制还需要设置以下几个控制回路: (1)氨分、冷交液位;(2)废锅液位;(3)循环量控制;(4)废锅蒸汽流量;(5)废锅蒸汽压力。 安全设施,包括安全阀、爆破片、紧急放空阀、液位计、单向阀及紧急切断装置等			

图 8-5　合成氨工艺作业仿真实训现场

8.6 裂解（裂化）工艺

裂解（裂化）工艺见表8-6。裂解（裂化）工艺作业仿真实训现场见图8-6。

表 8-6 裂解（裂化）工艺

反应类型	高温吸热反应	重点监控单元	裂解炉、制冷系统、压缩机、引风机、分离单元

工艺简介

　　裂解是指石油系的烃类原料在高温条件下，发生碳链断裂或脱氢反应，生成烯烃及其他产物的过程。产品以乙烯、丙烯为主，同时副产丁烯、丁二烯等烯烃和裂解汽油、柴油、燃料油等产品。

　　烃类原料在裂解炉内进行高温裂解，产出组成为氢气、低/高碳烃类、芳烃类以及馏分为288℃以上的裂解燃料油的裂解气混合物。经过急冷、压缩、激冷、分馏以及干燥和加氢等方法，分离出目标产品和副产品。

　　在裂解过程中，同时伴随缩合、环化和脱氢等反应。由于所发生的反应很复杂，通常把反应分成两个阶段。第一阶段，原料变成的目的产物为乙烯、丙烯，这种反应称为一次反应。第二阶段，一次反应生成的乙烯、丙烯继续反应转化为炔烃、二烯烃、芳烃、环烷烃，甚至最终转化为氢气和焦炭，这种反应称为二次反应。裂解产物往往是多种组分混合物。影响裂解的基本因素主要为温度和反应的持续时间。化工生产中用热裂解的方法生产小分子烯烃、炔烃和芳香烃，如乙烯、丙烯、丁二烯、乙炔、苯和甲苯等

工艺危险特点

　　(1)在高温(高压)下进行反应，装置内的物料温度一般超过其自燃点，若漏出会立即引起火灾；

　　(2)炉管内壁结焦会使流体阻力增加，影响传热，当焦层达到一定厚度时，因炉管壁温度过高，而不能继续运行下去，必须进行清焦，否则会烧穿炉管，裂解气外泄，引起裂解爆炸；

　　(3)如果由于断电或引风机机械故障而使引风机突然停转，则炉膛内很快变成正压，会从窥视孔或烧嘴等处向外喷火，严重时会引起炉膛爆燃；

　　(4)如果燃料系统大幅度波动，燃料气压力过低，则可能造成裂解炉烧嘴回火，使烧嘴烧坏，甚至会引起爆炸；

　　(5)有些裂解工艺产生的单体会自聚或爆炸，需要向生产的单体中加阻聚剂或稀释剂等

典型工艺

　　热裂解制烯烃工艺；

　　重油催化裂化制汽油、柴油、丙烯、丁烯；

　　乙苯裂解制苯乙烯；

　　二氟一氯甲烷(HCFC-22)热裂解制得四氟乙烯(TFE)；

　　二氟一氯乙烷(HCFC-142b)热裂解制得偏氟乙烯(VDF)；

　　四氟乙烯和八氟环丁烷热裂解制得六氟乙烯(HFP)等

重点监控工艺参数

　　裂解炉进料流量；裂解炉温度；引风机电流；燃料油进料流量；稀释蒸汽比及压力；燃料油压力；滑阀差压超驰控制、主风流量控制、外取热器控制、机组控制、锅炉控制等

安全控制的基本要求

　　裂解炉进料压力、流量控制报警与联锁；紧急裂解炉温度报警和联锁；紧急冷却系统；紧急切断系统；反应压力与压缩机转速及入口放火炬控制；再生压力的分程控制；滑阀差压与料位；温度的超驰控制；再生温度与外取热器负荷控制；外取热器汽包和锅炉汽包液位的三冲量控制；锅炉的熄火保护；机组相关控制；可燃与有毒气体检测报警装置等

宜采用的控制方式

　　将引风机电流与裂解炉进料阀、燃料油进料阀、稀释蒸汽阀之间形成联锁关系，一旦引风机故障停车，则裂解炉自动停止进料并切断燃料供应，但应继续供应稀释蒸汽，以带走炉膛内的余热。

续表

宜采用的控制方式

将燃料油压力与燃料油进料阀、裂解炉进料阀之间形成联锁关系,燃料油压力降低,则切断燃料油进料阀,同时切断裂解炉进料阀。

分离塔应安装安全阀和放空管,低压系统与高压系统之间应有逆止阀并配备固定的氮气装置、蒸汽灭火装置。

将裂解炉电流与锅炉给水流量、稀释蒸汽流量之间形成联锁关系;一旦水、电、蒸汽等公用工程出现故障,裂解炉能自动紧急停车。

反应压力正常情况下由压缩机转速控制,开工及非正常工况下由压缩机入口放火炬控制。

再生压力由烟机入口蝶阀和旁路滑阀(或蝶阀)分程控制。

再生、待生滑阀正常情况下分别由反应温度信号和反应器料位信号控制,一旦滑阀差压出现低限,则转由滑阀差压控制。

再生温度由外取热器催化剂循环量或流化介质流量控制。

外取热汽包和锅炉汽包液位采用液位、补水量和蒸发量三冲量控制。

带明火的锅炉设置熄火保护控制。

大型机组设置相关的轴温、轴振动、轴位移、油压、油温、防喘振等系统控制。

在装置存在可燃气体、有毒气体泄漏的部位设置可燃气体报警仪和有毒气体报警仪

图 8-6　裂解(裂化)工艺作业仿真实训现场

8.7　氟化工艺

氟化工艺见表 8-7。氟化工艺作业仿真实训现场见图 8-7。

表 8-7　氟化工艺

反应类型	放热反应	重点监控单元	氟化剂储运单元
工艺简介			

氟化是化合物的分子中引入氟原子的反应,涉及氟化反应的工艺过程为氟化工艺。氟与有机化合物作用是强放热反应,放出大量的热可使反应物分子结构遭到破坏,甚至着火爆炸。氟化剂通常为氟气、卤族氟化物、惰性元素氟化物、高价金属氟化物、氟化氢、氟化钾等

工艺危险特点

(1)反应物料具有燃爆危险性;

(2)氟化反应为强放热反应,不及时排除反应热量,易导致超温超压,引发设备爆炸事故;

(3)多数氟化剂具有强腐蚀性、剧毒,在生产、储存、运输、使用等过程中,容易因泄漏、操作不当、误接触以及其他意外而造成危险

续表

典型工艺
（1）直接氟化 黄磷氟化制备五氟化磷等。 （2）金属氟化物或氟化氢气体氟化 SbF_3、AgF_2、CoF_3 等金属氟化物与烃反应制备氟化烃； 氟化氢气体与氢氧化铝反应制备氟化铝等。 （3）置换氟化 三氯甲烷氟化制备二氟一氯甲烷； 2,4,5,6-四氯嘧啶与氟化钠制备 2,4,6-三氟-5-氯嘧啶等。 （4）其他氟化物的制备 浓硫酸与氟化钙(萤石)制备无水氟化氢； 三氟化硼的制备等

重点监控工艺参数
氟化反应釜内温度、压力；氟化反应釜内搅拌速率；氟化物流量；助剂流量；反应物的配料比；氟化物浓度

安全控制的基本要求
反应釜内温度和压力与反应进料、紧急冷却系统的报警和联锁；搅拌的稳定控制系统；安全泄放系统；可燃和有毒气体检测报警装置等

宜采用的控制方式
氟化反应操作中，要严格控制氟化物浓度、投料配比、进料速度和反应温度等。必要时应设置自动比例调节装置和自动联锁控制装置。 将氟化反应釜内温度、压力与釜内搅拌、氟化物流量、氟化反应釜夹套冷却水进水阀形成联锁控制，在氟化反应釜处设立紧急停车系统，当氟化反应釜内温度或压力超标或搅拌系统发生故障时自动停止加料并紧急停车。安全泄放系统

图 8-7　氟化工艺作业仿真实训现场

8.8　加氢工艺

加氢工艺见表 8-8。加氢工艺作业仿真实训现场见图 8-8。

表 8-8　加氢工艺

反应类型	放热反应	重点监控单元	加氢反应釜、氢气压缩机
工艺简介			
加氢是在有机化合物分子中加入氢原子的反应，涉及加氢反应的工艺过程为加氢工艺，主要包括不饱和键加氢、芳环化合物加氢、含氮化合物加氢、含氧化合物加氢、氢解等			

续表

工艺危险特点

(1)反应物料具有燃爆危险性,氢气的爆炸极限为 $4\%\sim75\%$,具有高燃爆危险特性;

(2)加氢为强烈的放热反应,氢气在高温高压下与钢材接触,钢材内的碳分子易与氢气发生反应生成碳氢化合物,使钢制设备强度降低,发生氢脆;

(3)催化剂再生和活化过程中易引发爆炸;

(4)加氢反应尾气中有未完全反应的氢气和其他杂质在排放时易引发着火或爆炸

典型工艺

(1)不饱和炔烃、烯烃的三键和双键加氢

环戊二烯加氢生产环戊烯等。

(2)芳烃加氢

苯加氢生成环己烷;

苯酚加氢生产环己醇等。

(3)含氧化合物加氢

一氧化碳加氢生产甲醇;

丁醛加氢生产丁醇;

辛烯醛加氢生产辛醇等。

(4)含氮化合物加氢

己二腈加氢生产己二胺;

硝基苯催化加氢生产苯胺等。

(5)油品加氢

馏分油加氢裂化生产石脑油、柴油和尾油;

渣油加氢改质;

减压馏分油加氢改质;

催化(异构)脱蜡生产低凝柴油、润滑油基础油等

重点监控工艺参数

加氢反应釜或催化剂床层温度、压力;加氢反应釜内搅拌速率;氢气流量;反应物质的配料比;系统氧含量;冷却水流量;氢气压缩机运行参数、加氢反应尾气组成等

安全控制的基本要求

温度和压力的报警和联锁;反应物料的比例控制和联锁系统;紧急冷却系统;搅拌的稳定控制系统;氢气紧急切断系统;加装安全阀、爆破片等安全设施;循环氢压缩机停机报警和联锁;氢气检测报警装置等

宜采用的控制方式

将加氢反应釜内温度、压力与釜内搅拌电流、氢气流量、加氢反应釜夹套冷却水进水阀形成联锁关系,设立紧急停车系统。加入急冷氮气或氢气的系统。当加氢反应釜内温度或压力超标或搅拌系统发生故障时自动停止加氢,泄压,并进入紧急状态。安全泄放系统

图 8-8　加氢工艺作业仿真实训现场

8.9 重氮化工艺

重氮化工艺见表 8-9。重氮化工艺作业仿真实训现场见图 8-9。

表 8-9　重氮化工艺

反应类型	绝大多数是放热反应	重点监控单元	重氮化反应釜、后处理单元

工艺简介

　　一级胺与亚硝酸在低温下作用,生成重氮盐的反应。脂肪族、芳香族和杂环的一级胺都可以进行重氮化反应。涉及重氮化反应的工艺过程为重氮化工艺。通常重氮化试剂是由亚硝酸钠和盐酸作用临时制备的。除盐酸外,也可以使用硫酸、高氯酸和氟硼酸等无机酸。脂肪族重氮盐很不稳定,即使在低温下也能迅速自发分解,芳香族重氮盐较为稳定

工艺危险特点

　　(1)重氮盐在温度稍高或光照的作用下,特别是含有硝基的重氮盐极易分解,有的甚至在室温时亦能分解。在干燥状态下,有些重氮盐不稳定,活性强,受热或摩擦、撞击等作用能发生分解甚至爆炸;

　　(2)重氮化生产过程所使用的亚硝酸钠是无机氧化剂,175℃时能发生分解,与有机物反应导致着火或爆炸;

　　(3)反应原料具有燃爆危险性

典型工艺

(1)顺法

对氨基苯磺酸钠与 2-萘酚制备酸性橙-Ⅱ染料;

芳香族伯胺与亚硝酸钠反应制备芳香族重氮化合物等。

(2)反加法

间苯二胺生产二氟硼酸间苯二重氮盐;

苯胺与亚硝酸钠反应生产苯胺基重氮苯等。

(3)亚硝酰硫酸法

2-氰基-4-硝基苯胺、2-氰基-4-硝基-6-溴苯胺、2,4-二硝基-6-溴苯胺、2,6-二氰基-4-硝基苯胺和 2,4-二硝基-6-氰基苯胺为重氮组分与端氨基含醚基的偶合组分经重氮化、偶合成单偶氮分散染料;

2-氰基-4-硝基苯胺为原料制备蓝色分散染料等。

(4)硫酸铜催化剂法

邻、间氨基苯酚用弱酸(乙酸、草酸等)或易于水解的无机盐和亚硝酸钠反应制备邻、间氨基苯酚的重氮化合物等。

(5)盐析法

氨基偶氮化合物通过盐析法进行重氮化生产多偶氮染料等

重点监控工艺参数

　　重氮化反应釜内温度、压力、液位、pH 值;重氮化反应釜内搅拌速率;亚硝酸钠流量;反应物质的配料比;后处理单元温度等

安全控制的基本要求

　　反应釜温度和压力的报警和联锁;反应物料的比例控制和联锁系统;紧急冷却系统;紧急停车系统;安全泄放系统;后处理单元配置温度监测、惰性气体保护的联锁装置等

宜采用的控制方式

　　将重氮化反应釜内温度、压力与釜内搅拌、亚硝酸钠流量、重氮化反应釜夹套冷却水进水阀形成联锁关系,在重氮化反应釜处设立紧急停车系统,当重氮化反应釜内温度超标或搅拌系统发生故障时自动停止加料并紧急停车。安全泄放系统。

　　重氮盐后处理设备应配置温度检测、搅拌、冷却联锁自动控制调节装置,干燥设备应配置温度测量、加热热源开关、惰性气体保护的联锁装置。

　　安全设施,包括安全阀、爆破片、紧急放空阀等

图 8-9　重氮化工艺作业仿真实训现场

8.10　氧化工艺

氧化工艺见表 8-10。氧化工艺作业仿真实训现场见图 8-10。

表 8-10　氧化工艺

反应类型	放热反应	重点监控单元	氧化反应釜
工艺简介			
氧化为有电子转移的化学反应中失电子的过程,即氧化数升高的过程。多数有机化合物的氧化反应表现为反应原料得到氧或失去氢。涉及氧化反应的工艺过程为氧化工艺。常用的氧化剂有:空气、氧气、双氧水、氯酸钾、高锰酸钾、硝酸盐等			
工艺危险特点			
(1)反应原料及产品具有燃爆危险性; (2)反应气相组成容易达到爆炸极限,具有闪爆危险; (3)部分氧化剂具有燃爆危险性,如氯酸钾、高锰酸钾、铬酸酐等都属于氧化剂,如遇高温或受撞击、摩擦以及与有机物、酸类接触,皆能引起火灾爆炸; (4)产物中易生成过氧化物,化学稳定性差,受高温、摩擦或撞击作用易分解、燃烧或爆炸			
典型工艺			
乙烯氧化制环氧乙烷; 甲醇氧化制备甲醛; 对二甲苯氧化制备对苯二甲酸; 异丙苯经氧化-酸解联产苯酚和丙酮; 环己烷氧化制环己酮; 天然气氧化制乙炔; 丁烯、丁烷、C_4 馏分或苯的氧化制顺丁烯二酸酐; 邻二甲苯或萘的氧化制备邻苯二甲酸酐; 均四甲苯的氧化制备均苯四甲酸二酐; 苊的氧化制 1,8-萘二甲酸酐; 3-甲基吡啶氧化制 3-吡啶甲酸(烟酸); 4-甲基吡啶氧化制 4-吡啶甲酸(异烟酸); 2-乙基己醇(异辛醇)氧化制备 2-乙基己酸(异辛酸); 对氯甲苯氧化制备对氯苯甲醛和对氯苯甲酸; 甲苯氧化制备苯甲醛、苯甲酸; 对硝基甲苯氧化制备对硝基苯甲酸; 环十二醇/酮混合物的开环氧化制备十二碳二酸; 环己酮/醇混合物的氧化制己二酸;			

典型工艺
乙二醛硝酸氧化法合成乙醛酸； 丁醛氧化制丁酸； 氨氧化制硝酸； 克劳斯法气体脱硫； 一氧化氮、氧气和甲(乙)醇制备亚硝酸甲(乙)酯； 以双氧水或有机过氧化物为氧化剂生产环氧丙烷、环氧氯丙烷等

重点监控工艺参数
氧化反应釜内温度和压力；氧化反应釜内搅拌速率；氧化剂流量；反应物料的配比；气相氧含量；过氧化物含量等

安全控制的基本要求
反应釜温度和压力的报警和联锁；反应物料的比例控制和联锁及紧急切断动力系统；紧急断料系统；紧急冷却系统；紧急送入惰性气体的系统；气相氧含量监测、报警和联锁；安全泄放系统；可燃和有毒气体检测报警装置等

宜采用的控制方式
将氧化反应釜内温度和压力与反应物的配比和流量、氧化反应釜夹套冷却水进水阀、紧急冷却系统形成联锁关系，在氧化反应釜处设立紧急停车系统，当氧化反应釜内温度超标或搅拌系统发生故障时自动停止加料并紧急停车。配备安全阀、爆破片等安全设施

图 8-10　氧化工艺作业仿真实训现场

8.11　过氧化工艺

过氧化工艺见表 8-11。过氧化工艺作业仿真实训现场见图 8-11。

表 8-11　过氧化工艺

反应类型	吸热反应或放热反应	重点监控单元	过氧化反应釜
工艺简介			
向有机化合物分子中引入过氧基(—O—O—)的反应称为过氧化反应,得到的产物为过氧化物的工艺过程为过氧化工艺			
工艺危险特点			
(1)过氧化物都含有过氧基(—O—O—),属含能物质,由于过氧键结合力弱,断裂时所需的能量不大,对热、振动、冲击或摩擦等都极为敏感,极易分解甚至爆炸； (2)过氧化物与有机物、纤维接触时易发生氧化、产生火灾； (3)反应气相组成容易达到爆炸极限,具有燃爆危险			

典型工艺
双氧水的生产； 乙酸在硫酸存在下与双氧水作用，制备过氧乙酸水溶液； 酸酐与双氧水作用直接制备过氧二酸； 苯甲酰氯与双氧水的碱性溶液作用制备过氧化苯甲酰； 异丙苯经空气氧化生产过氧化氢异丙苯； 叔丁醇与双氧水制备叔丁基过氧化氢等

重点监控工艺参数
过氧化反应釜内温度；pH 值；过氧化反应釜内搅拌速率；（过）氧化剂流量；参加反应物质的配料比；过氧化物浓度；气相氧含量等

安全控制的基本要求
反应釜温度和压力的报警和联锁；反应物料的比例控制和联锁及紧急切断动力系统；紧急断料系统；紧急冷却系统；紧急送入惰性气体的系统；气相氧含量监测、报警和联锁；紧急停车系统；安全泄放系统；可燃和有毒气体检测报警装置等

宜采用的控制方式
将过氧化反应釜内温度与釜内搅拌电流、过氧化物流量、过氧化反应釜夹套冷却水进水阀形成联锁关系，设置紧急停车系统。 过氧化反应系统应设置泄爆管和安全泄放系统

图 8-11　过氧化工艺作业仿真实训现场

8.12　胺基化工艺

胺基化工艺见表 8-12。胺基化工艺作业仿真实训现场见图 8-12。

表 8-12　胺基化工艺

反应类型	放热反应	重点监控单元	胺基化反应釜
工艺简介			
胺化是在分子中引入胺基（R_2N-）的反应，包括 $R-CH_3$ 烃类化合物（R：氢、烷基、芳基）在催化剂存在下，与氨和空气的混合物进行高温氧化反应，生成腈类等化合物的反应。涉及上述反应的工艺过程为胺基化工艺			
工艺危险特点			
（1）反应介质具有燃爆危险性； （2）在常压下 20℃ 时，氨气的爆炸极限为 15%～27%，随着温度、压力的升高，爆炸极限的范围增大。因此，在一定的温度、压力和催化剂的作用下，氨的氧化反应放出大量热，一旦氨与空气比失调，就可能发生爆炸事故； （3）由于氨呈碱性，具有强腐蚀性，在混有少量水分或湿气的情况下无论是气态或液态氨都会与铜、银、锡、锌及其合金发生化学作用； （4）氨易与氧化银或氧化汞反应生成爆炸性化合物（雷酸盐）			

续表

典型工艺

邻硝基氯苯与氨水反应制备邻硝基苯胺；

对硝基氯苯与氨水反应制备对硝基苯胺；

间甲酚与氯化铵的混合物在催化剂和氨水作用下生成间甲苯胺；

甲醇在催化剂和氨气作用下制备甲胺；

1-硝基蒽醌与过量的氨水在氯苯中制备 1-氨基蒽醌；

2,6-蒽醌二磺酸氨解制备 2,6-二氨基蒽醌；

苯乙烯与胺反应制备 N-取代苯乙胺；

环氧乙烷或亚乙基亚胺与胺或氨发生开环加成反应,制备氨基乙醇或二胺；

甲苯经氨氧化制备苯甲腈；

丙烯氨氧化制备丙烯腈；

氯氨法生产甲基肼等

重点监控工艺参数

胺基化反应釜内温度、压力；胺基化反应釜内搅拌速率；物料流量；反应物质的配料比；气相氧含量等

安全控制的基本要求

反应釜温度和压力的报警和联锁；反应物料的比例控制和联锁系统；紧急冷却系统；气相氧含量监控联锁系统；紧急送入惰性气体的系统；紧急停车系统；安全泄放系统；可燃和有毒气体检测报警装置等

宜采用的控制方式

将胺基化反应釜内温度、压力与釜内搅拌、胺基化物料流量、胺基化反应釜夹套冷却水进水阀形成联锁关系,设置紧急停车系统。

安全设施,包括安全阀、爆破片、单向阀及紧急切断装置等

图 8-12　胺基化工艺作业仿真实训现场

8.13　磺化工艺

磺化工艺见表 8-13。磺化工艺作业仿真实训现场见图 8-13。

表 8-13　磺化工艺

反应类型	放热反应	重点监控单元	磺化反应釜
工艺简介			

磺化是向有机化合物分子中引入磺酰基($-SO_3H$)的反应。磺化方法分为三氧化硫磺化法、共沸去水磺化法、氯磺酸磺化法、烘焙磺化法和亚硫酸盐磺化法等。涉及磺化反应的工艺过程为磺化工艺。磺化反应除了增加产物的水溶性和酸性外,还可以使产品具有表面活性。芳烃经磺化后,其中的磺酸基可进一步被其他基团[如羟基($-OH$)、氨基($-NH_2$)、氰基($-CN$)等]取代,生产多种衍生物

工艺危险特点

(1)原料具有燃爆危险性;磺化剂具有氧化性、强腐蚀性;如果投料顺序颠倒、投料速度过快、搅拌不良、冷却效果不佳等,都有可能造成反应温度异常升高,使磺化反应变为燃烧反应,引起火灾或爆炸事故;

(2)氧化硫易冷凝堵管,泄漏后易形成酸雾,危害较大

典型工艺

(1)三氧化硫磺化法

气体三氧化硫和十二烷基苯等制备十二烷基苯磺酸钠;

硝基苯与液态三氧化硫制备间硝基苯磺酸;

甲苯磺化生产对甲基苯磺酸和对位甲酚;

对硝基甲苯磺化生产对硝基甲苯邻磺酸等。

(2)共沸去水磺化法

苯磺化制备苯磺酸;

甲苯磺化制备甲基苯磺酸等。

(3)氯磺酸磺化法

芳香族化合物与氯磺酸反应制备芳磺酸和芳磺酰氯;

乙酰苯胺与氯磺酸生产对乙酰氨基苯磺酰氯等。

(4)烘焙磺化法

苯胺磺化制备对氨基苯磺酸等。

(5)亚硫酸盐磺化法

2,4-二硝基氯苯与亚硫酸氢钠制备 2,4-二硝基苯磺酸钠;

l-硝基蒽醌与亚硫酸钠作用得到 α-蒽醌硝酸等

重点监控工艺参数

磺化反应釜内温度;磺化反应釜内搅拌速率;磺化剂流量;冷却水流量

安全控制的基本要求

反应釜温度的报警和联锁;搅拌的稳定控制和联锁系统;紧急冷却系统;紧急停车系统;安全泄放系统;三氧化硫泄漏监控报警系统等

宜采用的控制方式

将磺化反应釜内温度与磺化剂流量、磺化反应釜夹套冷却水进水阀、釜内搅拌电流形成联锁关系,紧急断料系统,当磺化反应釜内各参数偏离工艺指标时,能自动报警、停止加料,甚至紧急停车。

磺化反应系统应设有泄爆管和紧急排放系统

图 8-13 磺化工艺作业仿真实训现场

8.14 聚合工艺

聚合工艺见表 8-14。聚合工艺作业仿真实训现场见图 8-14。

表 8-14 聚合工艺

反应类型	放热反应	重点监控单元	聚合反应釜、粉体聚合物料仓

工艺简介

聚合是一种或几种小分子化合物变成大分子化合物(也称高分子化合物或聚合物,通常分子量为 $1\times10^4\sim1\times10^7$)的反应,涉及聚合反应的工艺过程为聚合工艺。聚合工艺的种类很多,按聚合方法可分为本体聚合、悬浮聚合、乳液聚合、溶液聚合等

工艺危险特点

(1)聚合原料具有自聚和燃爆危险性;

(2)如果反应过程中热量不能及时移出,随物料温度上升,发生裂解和暴聚,所产生的热量使裂解和暴聚过程进一步加剧,进而引发反应器爆炸;

(3)部分聚合助剂危险性较大

典型工艺

(1)聚烯烃生产

聚乙烯生产;

聚丙烯生产;

聚苯乙烯生产等。

(2)聚氯乙烯生产

(3)合成纤维生产

涤纶生产;

锦纶生产;

维纶生产;

腈纶生产;

尼龙生产等。

(4)橡胶生产

丁苯橡胶生产;

顺丁橡胶生产;

丁腈橡胶生产等。

(5)乳液生产

乙酸乙烯乳液生产;

丙烯酸乳液生产等。

(6)氟化物聚合

四氟乙烯悬浮法、分散法生产聚四氟乙烯;

四氟乙烯(TFE)和偏氟乙烯(VDF)聚合生产氟橡胶和偏氟乙烯-全氟丙烯共聚弹性体(俗称 26 型氟橡胶或氟橡胶-26)等

重点监控工艺参数

聚合反应釜内温度、压力,聚合反应釜内搅拌速率;引发剂流量;冷却水流量;料仓静电、可燃气体监控等

安全控制的基本要求

反应釜温度和压力的报警和联锁;紧急冷却系统;紧急切断系统;紧急加入反应终止剂系统;搅拌的稳定控制和联锁系统;料仓静电消除、可燃气体置换系统,可燃和有毒气体检测报警装置;高压聚合反应釜设有防爆墙和泄爆面等

宜采用的控制方式

将聚合反应釜内温度、压力与釜内搅拌电流、聚合单体流量、引发剂加入量、聚合反应釜夹套冷却水进水阀形成联锁关系,在聚合反应釜处设立紧急停车系统。当反应超温、搅拌失效或冷却失效时,能及时加入聚合反应终止剂。安全泄放系统

图 8-14 聚合工艺作业仿真实训现场

8.15 烷基化工艺

烷基化工艺见表 8-15。烷基化工艺作业仿真实训现场见图 8-15。

表 8-15 烷基化工艺

反应类型	放热反应	重点监控单元	烷基化反应釜
工艺简介			
把烷基引入有机化合物分子中的碳、氮、氧等原子上的反应称为烷基化反应。涉及烷基化反应的工艺过程为烷基化工艺,可分为 C-烷基化反应、N-烷基化反应、O-烷基化反应等			
工艺危险特点			
(1)反应介质具有燃爆危险性; (2)烷基化催化剂具有自燃危险性,遇水剧烈反应,放出大量热量,容易引起火灾甚至爆炸; (3)烷基化反应都是在加热条件下进行,原料、催化剂、烷基化剂等加料次序颠倒、加料速度过快或者搅拌中断停止等异常现象容易引起局部剧烈反应,造成跑料,引发火灾或爆炸事故			
典型工艺			
(1)C-烷基化反应 乙烯、丙烯以及长链 α-烯烃,制备乙苯、异丙苯和高级烷基苯; 苯系物与氯代高级烷烃在催化剂作用下制备高级烷基苯; 用脂肪醛和芳烃衍生物制备对称的二芳基甲烷衍生物; 苯酚与丙酮在酸催化下制备 2,2-对(对羟基苯基)丙烷(俗称双酚 A); 乙烯与苯发生烷基化反应生产乙苯等。 (2)N-烷基化反应 苯胺和甲醚烷基化生产苯甲胺; 苯胺与氯乙酸生产苯基氨基乙酸; 苯胺和甲醇制备 N,N-二甲基苯胺; 苯胺和氯乙烷制备 N,N-二烷基芳胺; 对甲苯胺与硫酸二甲酯制备 N,N-二甲基对甲苯胺; 环氧乙烷与苯胺制备 N-(β-羟乙基)苯胺; 氨或脂肪胺和环氧乙烷制备乙醇胺类化合物; 苯胺与丙烯腈反应制备 N-(β-氰乙基)苯胺等。 (3)O-烷基化反应 对苯二酚、氢氧化钠水溶液和氯甲烷制备对苯二甲醚; 硫酸二甲酯与苯酚制备苯甲醚; 高级脂肪醇或烷基酚与环氧乙烷加成生成聚醚类产物等			

重点监控工艺参数
烷基化反应釜内温度和压力;烷基化反应釜内搅拌速率;反应物料的流量及配比等

安全控制的基本要求
反应物料的紧急切断系统;紧急冷却系统;安全泄放系统;可燃和有毒气体检测报警装置等

宜采用的控制方式
将烷基化反应釜内温度和压力与釜内搅拌、烷基化物料流量、烷基化反应釜夹套冷却水进水阀形成联锁关系,当烷基化反应釜内温度超标或搅拌系统发生故障时自动停止加料并紧急停车。 安全设施包括安全阀、爆破片、紧急放空阀、单向阀及紧急切断装置等

图 8-15　烷基化工艺作业仿真实训现场

8.16　新型煤化工工艺

新型煤化工工艺见表 8-16。

表 8-16　新型煤化工工艺

反应类型	放热反应	重点监控单元	煤气化炉
工艺简介			
以煤为原料,经化学加工使煤直接或者间接转化为气体、液体和固体燃料、化工原料或化学品的工艺过程。主要包括煤制油(甲醇制汽油、费-托合成油)、煤制烯烃(甲醇制烯烃)、煤制二甲醚、煤制乙二醇(合成气制乙二醇)、煤制甲烷气(煤气甲烷化)、煤制甲醇、甲醇制乙酸等工艺			
工艺危险特点			
(1)反应介质涉及一氧化碳、氢气、甲烷、乙烯、丙烯等易燃气体,具有燃爆危险性; (2)反应过程多为高温、高压过程,易发生工艺介质泄漏,引发火灾、爆炸和一氧化碳中毒事故; (3)反应过程可能形成爆炸性混合气体; (4)多数煤化工新工艺反应速率快,放热量大,造成反应失控; (5)反应中间产物不稳定,易造成分解爆炸			
典型工艺			
煤制油(甲醇制汽油、费-托合成油); 煤制烯烃(甲醇制烯烃); 煤制二甲醚; 煤制乙二醇(合成气制乙二醇); 煤制甲烷气(煤气甲烷化); 煤制甲醇; 甲醇制乙酸			

续表

重点监控工艺参数
反应器温度和压力;反应物料的比例控制;料位;液位;进料介质温度、压力与流量;氧含量;外取热器蒸汽温度与压力;风压和风温;烟气压力与温度;压降;H_2/CO 比;NO/O_2 比;$NO/$醇比;H_2、H_2S、CO_2 含量等

安全控制的基本要求
反应器温度、压力报警与联锁;进料介质流量控制与联锁;反应系统紧急切断进料联锁;料位控制回路;液位控制回路;H_2/CO 比例控制与联锁;NO/O_2 比例控制与联锁;外取热器蒸汽热水泵联锁;主风流量联锁;可燃和有毒气体检测报警装置;紧急冷却系统;安全泄放系统

宜采用的控制方式
将进料流量、外取热蒸汽流量、外取热蒸汽包液位、H_2/CO 比例与反应器进料系统设立联锁关系,一旦发生异常工况启动联锁,紧急切断所有进料,开启事故蒸汽阀或氮气阀,迅速置换反应器内物料,并将反应器进行冷却、降温。 安全设施,包括安全阀、防爆膜、紧急切断阀及紧急排放系统等

8.17 电石生产工艺

电石生产工艺见表 8-17。

表 8-17 电石生产工艺

反应类型	吸热反应	重点监控单元	电石炉

工艺简介
电石生产工艺是以石灰和碳素材料(焦炭、兰炭、石油焦、冶金焦、白煤等)为原料,在电石炉内依靠电弧热和电阻热在高温下进行反应,生成电石的工艺过程。电石炉型式主要分为两种:内燃型和全密闭型

工艺危险特点
(1)电石炉工艺操作具有火灾、爆炸、烧伤、中毒、触电等危险性; (2)电石遇水会发生激烈反应,生成乙炔气体,具有燃爆危险性; (3)电石的冷却、破碎过程具有人身伤害、烫伤等危险性; (4)反应产物一氧化碳有毒,与空气混合到 12.5%～74% 时会引起燃烧和爆炸; (5)生产中漏糊造成电极软断时,会使炉气出口温度突然升高,炉内压力突然增大,造成严重的爆炸事故

典型工艺
石灰和碳素材料(焦炭、兰炭、石油焦、冶金焦、白煤等)反应制备电石

重点监控工艺参数
炉气温度;炉气压力;料仓料位;电极压放量;一次电流;一次电压;电极电流;电极电压;有功功率;冷却水温度、压力;液压箱油位、温度;变压器温度;净化过滤器入口温度、炉气组分分析等

安全控制的基本要求
设置紧急停炉按钮;电炉运行平台和电极压放视频监控、输送系统视频监控和启停现场声音报警;原料称重和输送系统控制;电石炉炉压调节、控制;电极升降控制;电极压放控制;液压泵站控制;炉气组分在线检测、报警和联锁;可燃和有毒气体检测和声光报警装置;设置紧急停车按钮等

宜采用的控制方式
将炉气压力、净化总阀与放散阀形成联锁关系;将炉气组分氢、氧含量高与净化系统形成联锁关系;将料仓超料位、氢含量与停炉形成联锁关系 安全设施,包括安全阀、重力泄压阀、紧急放空阀、防爆膜等

8.18 偶氮化工艺

偶氮化工艺见表8-18。

表 8-18　偶氮化工艺

反应类型	放热反应	重点监控单元	偶氮化反应釜、后处理单元
工艺简介			
合成通式为 R—N=N—R 的偶氮化合物的反应为偶氮化反应,式中 R 为脂烃基或芳烃基,两个 R 基可相同或不同。涉及偶氮化反应的工艺过程为偶氮化工艺。脂肪族偶氮化合物由相应的肼经过氧化或脱氢反应制取。芳香族偶氮化合物一般由重氮化合物的偶联反应制备			
工艺危险特点			
(1)部分偶氮化合物极不稳定,活性强,受热或摩擦、撞击等作用能发生分解甚至爆炸; (2)偶氮化生产过程所使用的肼类化合物,高毒,具有腐蚀性,易发生分解爆炸,遇氧化剂能自燃; (3)反应原料具有燃爆危险性			
典型工艺			
(1)脂肪族偶氮化合物合成　水合肼和丙酮氰醇反应,再经液氯氧化制备偶氮二异丁腈;次氯酸钠水溶液氧化氨基庚腈,或者甲基异丁基酮和水合肼缩合后与氰化氢反应,再经氯气氧化制取偶氮二异庚腈;偶氮二甲酸二乙酯(DEAD)和偶氮二甲酸二异丙酯(DIAD)的生产工艺。 (2)芳香族偶氮化合物合成　由重氮化合物的偶联反应制备的偶氮化合物			
重点监控工艺参数			
偶氮化反应釜内温度、压力、液位、pH 值;偶氮化反应釜内搅拌速率;肼流量;反应物质的配料比;后处理单元温度等			
安全控制的基本要求			
反应釜温度和压力的报警和联锁;反应物料的比例控制和联锁系统;紧急冷却系统;紧急停车系统;安全泄放系统;后处理单元配置温度监测、惰性气体保护的联锁装置等			
宜采用的控制方式			
将偶氮化反应釜内温度、压力与釜内搅拌、肼流量、偶氮化反应釜夹套冷却水进水阀形成联锁关系。在偶氮化反应釜处设立紧急停车系统,当偶氮化反应釜内温度超标或搅拌系统发生故障时,自动停止加料,并紧急停车。 后处理设备应配置温度检测、搅拌、冷却联锁自动控制调节装置,干燥设备应配置温度测量、加热热源开关、惰性气体保护的联锁装置。 安全设施,包括安全阀、爆破片、紧急放空阀等			

第9章

常见危险化学品安全数据表

9.1 氢

物质名称:氢

物化特性

沸点/℃	−252.8	相对密度(水=1)	0.07(−252℃)
饱和蒸气压/kPa	13.33(−257.9℃)	熔点/℃	−259.2
相对密度(空气=1)	0.07	溶解性	不溶于水,不溶于乙醇、乙醚
外观与气味	无色无臭气体		

火灾爆炸危险数据

闪点/℃	无意义	爆炸极限	4.1%～74.1%
灭火方法及灭火剂	切断气源。若不能切断气源,则不允许熄灭泄漏处的火焰。喷水冷却容器,可能的话将容器从火场移至空旷处。灭火剂:雾状水、泡沫、二氧化碳、干粉		
危险特性	与空气混合能形成爆炸性混合物,遇热或明火即爆炸。气体比空气轻,在室内使用和储存时,漏气上升滞留屋顶不易排出,遇火星会引起爆炸。氢气与氟、氯、溴等卤素会剧烈反应		

反应活性数据

稳定性	稳定	√	避免条件	光照
	不稳定			
聚合危险性	可能存在	√	避免条件	光照
	不存在			
禁忌物	强氧化剂、卤素	燃烧(分解)产物		水

健康危害数据

侵入途径	吸入	√	食入		皮肤	
急性毒性	LD$_{50}$	无资料	LC$_{50}$		无资料	

健康危害(急性和慢性)

本品在生理学上是惰性气体,仅在高浓度时,由于空气中氧分压降低才引起窒息。在很高的分压下,氢气可呈现出麻醉作用

泄漏紧急处理

迅速撤离泄漏污染区人员至上风处,并进行隔离,严格限制出入。切断火源。建议应急处理人员戴自给正压式呼吸器,穿防静电工作服。尽可能切断泄漏源。合理通风,加速扩散。如有可能,将漏出气用排风机送至空旷地方或装设适当喷头烧掉。漏气容器要妥善处理,修复、检验后再用

储运注意事项

采用钢瓶运输时必须戴好钢瓶上的安全帽。钢瓶一般平放,并应将瓶口朝同一方向,不可交叉;高度不得超过车辆的防护栏板,并用三角木垫卡牢,防止滚动。运输时运输车辆应配备相应品种和数量的消防器材。装运该物品的车辆排气管必须配备阻火装置,禁止使用易产生火花的机械设备和工具装卸。严禁与氧化剂、卤素等混装混运。夏季应早晚运输,防止日光暴晒。中途停留时应远离火种、热源。公路运输时要按规定路线行驶,勿在居民区和人口稠密区停留。铁路运输时要禁止溜放

防护措施

车间卫生标准	中国 MAC(mg/m³)	未制定标准	
	苏联 MAC(mg/m³)	未制定标准	
	美国 TVL-TWA	ACGIH(美国政府工业卫生学家会议)窒息性气体	
	美国 TLV-STEL	未制定标准	
工程控制	密闭系统,通风,防爆电器与照明		
呼吸系统防护	一般不需要特殊防护,高浓度接触时可佩戴空气呼吸器	身体防护	穿防静电工作服
手防护	戴一般作业防护手套	眼防护	一般不需特殊防护
其他	工作现场严禁吸烟。避免高浓度吸入。进入罐、限制性空间或其他高浓度区作业,须有人监护		

9.2 氧

标识	中文名:氧;氧气	英文名:oxygen	
	分子式:O₂	分子量:32.00	UN编号:1072
	危险性类别:第2.2类不燃气体	危规号:22001	CAS号:7782-44-7
	包装标志:不燃气体;氧化剂	包装类别和方法:Ⅲ类包装-钢质气瓶	

理化性质	外观与性状:无色无臭气体	
	溶解性:溶于水、乙醇	
	熔点/℃:−218.8	沸点/℃:−183.1
	相对密度(水=1):1.14(−183℃)	相对密度(空气=1):1.10
	临界温度/℃:−118.4	临界压力/MPa:5.08
	燃烧热/(kJ/mol):无意义	饱和蒸气压/kPa:506.62(−164℃)

燃烧爆炸危险性	燃烧性:助燃	引燃温度/℃:无意义
	闪点/℃:无意义	最小点火能/MJ:无意义
	爆炸极限(体积分数)/%:无意义	最大爆炸压力/MPa:无意义
	稳定性:稳定	聚合危害:不聚合
	燃烧(分解)产物:无意义	
	禁忌物:易燃或可燃物、活性金属粉末、乙炔	
	危险特性:是易燃物、可燃物燃烧爆炸的基本要素之一,能氧化大多数活性物质。与易燃物(如乙炔、甲烷等)形成有爆炸性的混合物	
	灭火方法:用水保持容器冷却,以防受热爆炸,急剧助长火势。迅速切断气源,用水喷淋保护切断气源的人员,然后根据着火原因选择适当灭火剂灭火	

续表

健康危害	侵入途径:吸入	
	常压下,当氧气浓度超过 40%时,有可能发生氧中毒。吸入 40%～60%的氧气时,出现胸骨后不适感、轻咳,进而胸闷、胸骨后烧灼感和呼吸困难、咳嗽加剧;严重时可发生肺水肿,甚至出现呼吸窘迫综合征。吸入氧浓度在80%以上时,出现面部肌肉抽动、面色苍白、眩晕、心动过速、虚脱,继而全身强直性抽搐、昏迷、呼吸衰竭而死亡。长期处于氧分压为 60～100kPa(相当于吸入氧浓度 40%左右)的条件下可发生眼损害,严重者可失明	
毒性	LD_{50}:无资料;LC_{50}:无资料	
	OELs(mg/m³):MAC:—;PC-TWA:—;PC-STEL:—	
急救	吸入:迅速脱离现场至空气新鲜处。保持呼吸道通畅。如呼吸停止,立即进行人工呼吸。就医	
防护	工程控制:密闭操作,提供良好的自然通风条件。呼吸系统防护:一般不需特殊防护。眼睛防护:一般不需特殊防护。身体防护:穿一般作业工作服。手防护:戴一般作业防护手套。其他:避免高浓度吸入	
泄漏处理	迅速撤离泄漏污染区人员至上风处,并进行隔离,严格限制出入。切断火源。建议应急处理人员戴自给正压式呼吸器,穿一般作业工作服。避免与可燃物或易燃物接触。尽可能切断泄漏源。合理通风,加速扩散。如有可能,即时使用。泄漏容器要妥善处理,修复、检测后再用	
储运	不燃性压缩气体。储存于阴凉、通风仓间内。仓内温度不宜超过 30℃。远离火种、热源。防止阳光直射。应与易燃气体、金属粉末分开存放。验收时要注意品名,注意验瓶日期,先进仓的先发用。搬运时轻装轻卸,防止钢瓶及附件破损	

9.3 氮

标识	中文名:氮;氮气	英文名:nitrogen	
	分子式:N_2	分子量:28.01	UN 编号:1066
	危险性类别:第 2.2 类不燃气体	危规号:22005	CAS 号:7727-37-9
理化性质	性状:无色无臭气体		
	熔点/℃:−209.8	溶解性:微溶于水、乙醇	
	沸点/℃:−195.6	相对密度(水=1):0.81(−196℃)	
	饱和蒸气压/kPa:1026.42(−173℃)	相对密度(空气=1):0.97	
	临界温度/℃:−147	燃烧热/(kJ/mol):无意义	
	临界压力/MPa:3.40	最小引燃能量/MJ:无意义	
燃烧爆炸危险性	燃烧性:本品不燃	燃烧分解产物:氮气	
	闪点/℃:无意义	聚合危害:无资料	
	爆炸极限/%:无意义	稳定性:无资料	
	自燃温度/℃:无意义	禁忌物:无资料	
	危险特性:若遇高热,容器内压增大,有开裂和爆炸的危险		
	爆炸性气体的分类、分级、分组		
	灭火方法:本品不燃。尽可能将容器从火场移至空旷处。喷水保持火场容器冷却,直至灭火结束		
毒性	LD_{50}:无资料;LC_{50}:无资料		
	OELs(mg/m³):MAC:—;PC-TWA:—;PC-STEL:—		
健康危害	空气中氮气含量过高,使吸入气氧分压下降,引起缺氧窒息。吸入氮气浓度不太高时,患者最初感胸闷、气短、疲软无力;继而有烦躁不安、极度兴奋、乱跑、叫喊、神情恍惚、步态不稳,称之为"氮酩酊",可进入昏睡或昏迷状态。吸入高浓度,患者可迅速昏迷、因呼吸和心跳停止而死亡。潜水员深潜时,可发生氮的麻醉作用;若从高压环境下过快转入常压环境,体内会形成氮气气泡,压迫神经、血管或造成微血管阻塞,发生"减压病"		

急救	吸入:迅速脱离现场至空气新鲜处。保持呼吸道通畅。如呼吸困难,给输氧。呼吸心跳停止时,立即进行人工呼吸和胸外心脏按压术。就医
防护	工程控制:密闭操作。提供良好的自然通风条件。呼吸系统防护:一般不需特殊防护。当作业场所空气中氧气浓度低于18%时,必须佩戴空气呼吸器、氧气呼吸器或长管面具。眼睛防护:一般不需特殊防护。身体防护:穿一般作业工作服。手防护:戴一般作业防护手套。其他:避免高浓度吸入。进入罐、限制性空间或其他高浓度区作业,须有人监护
泄漏处理	迅速撤离泄漏污染区人员至上风处,并进行隔离,严格限制出入。建议应急处理人员戴自给正压式呼吸器,穿一般作业工作服。尽可能切断泄漏源。合理通风,加速扩散。漏气容器要妥善处理,修复、检验后再用
储运	储存于阴凉、通风的库房。远离火种、热源。库温不宜超过30℃。储区应备有泄漏应急处理设备。采用钢瓶运输时必须戴好钢瓶上的安全帽。钢瓶一般平放,并应将瓶口朝同一方向,不可交叉;高度不得超过车辆的防护栏板,并用三角木垫卡牢,防止滚动。严禁与易燃物或可燃物等混装混运。夏季应早晚运输,防止日光暴晒。铁路运输时要禁止溜放

9.4 氯

物质名称:氯

物化特性

沸点/℃	−34.5	相对密度(水=1)	1.47
饱和蒸气压/kPa	506.62(10.3℃)	熔点/℃	−101
相对密度(空气=1)	2.48	溶解性	易溶于水、碱液
外观与气味	黄绿色、有刺激性气味的气体		

火灾爆炸危险数据

闪点/℃	无意义	爆炸极限	无意义
灭火方法及灭火剂	本品不燃。消防人员必须佩戴过滤式防毒面具(全面罩)或隔离式呼吸器、穿全身防火防毒服,在上风向灭火。切断气源。喷水冷却容器,可能的话将容器从火场移至空旷处。灭火剂:雾状水、泡沫、干粉		
危险特性	本品不会燃烧,但可助燃。一般可燃物大都能在氯气中燃烧,一般易燃气体或蒸气也都能与氯气形成爆炸性混合物。氯气能与许多化学品如乙炔、松节油、乙醚、氨、燃料气、烃类、氢气、金属粉末等猛烈反应发生爆炸或生成爆炸性物质。它几乎对金属和非金属都有腐蚀作用		

反应活性数据

稳定性	稳定	√	避免条件	
	不稳定			
聚合危险性	可能存在	√	避免条件	
	不存在			
禁忌物	易燃或可燃物、醇类、乙醚、氢		燃烧(分解)产物	氯化氢

健康危害数据

侵入途径	吸入	√	食入		皮肤	
急性毒性	LD_{50}	无资料		LC_{50}		$850mg/m^3$,1h(大鼠吸入)

健康危害(急性和慢性)

对眼、呼吸道黏膜有刺激作用。

急性中毒:轻度者有流泪、咳嗽、咳少量痰、胸闷,出现气管炎和支气管炎的表现;中度中毒发生支气管肺炎或间质性肺水肿,病人除有上述症状的加重外,出现呼吸困难、轻度紫绀等;重者发生肺水肿、昏迷和休克,可出现气胸、纵隔气肿等并发症。吸入极高浓度的氯气,可引起迷走神经反射性心脏骤停或喉头痉挛而发生"电击样"死亡。皮肤接触液氯或高浓度氯,在暴露部位可有灼伤或急性皮炎。

慢性影响:长期低浓度接触,可引起慢性支气管炎、支气管哮喘等;可引起职业性痤疮及牙齿酸蚀症

泄漏紧急处理

迅速撤离泄漏污染区人员至上风处,并立即进行隔离,小泄漏时隔离 150m,大泄漏时隔离 450m,严格限制出入。建议应急处理人员戴自给正压式呼吸器,穿防毒服。尽可能切断泄漏源。合理通风,加速扩散。喷雾状水稀释、溶解。构筑围堤或挖坑收容产生的大量废水。如有可能,用管道将泄漏物导至还原剂(酸式硫酸钠或碳酸氢钠)溶液。也可以将漏气钢瓶浸入石灰乳液中。漏气容器要妥善处理,修复、检验后再用

储运注意事项

本品铁路运输时限使用耐压液化气企业自备罐车装运,装运前需报有关部门批准。铁路运输时应严格按照《危险货物道路运输规则》中的危险货物配装表进行配装。采用钢瓶运输时必须戴好钢瓶上的安全帽。钢瓶一般平放,并将瓶口朝同一方向,不可交叉;高度不得超过车辆的防护栏板,并用三角木垫卡牢,防止滚动。严禁与易燃物或可燃物、醇类、食用化学品等混装混运。夏季应早晚运输,防止日光暴晒。公路运输时要按规定路线行驶,禁止在居民区和人口稠密区停留。铁路运输时要禁止溜放

防护措施

车间卫生标准	中国　MAC(mg/m³)	1
	苏联　MAC(mg/m³)	1
	美国　TVL-TWA	OSHA(美国职业安全与健康管理局)1ppm,3mg/m³[上限值];ACGIH 0.5ppm,1.5mg/m³
	美国　TLV-STEL	ACGIH 1ppm,2.9mg/m³
工程控制	严加密闭,提供充分的局部排风和全面通风。提供安全淋浴和洗眼设备	

呼吸系统防护	空气中浓度超标时,建议佩戴空气呼吸器或氧气呼吸器。紧急事态抢救或撤离时,必须佩戴氧气呼吸器	身体防护	穿面罩式胶布防毒衣
手防护	戴橡胶手套	眼防护	呼吸系统防护中已作防护
其他	工作现场禁止吸烟、进食和饮水。工作完毕,淋浴更衣。保持良好的卫生习惯。进入罐、限制性空间或其他高浓度区作业,须有人监护		

9.5　甲烷

物质名称:甲烷

物化特性

沸点/℃	−161.5	相对密度(水=1)	0.42(−164℃)
饱和蒸气压/kPa	53.32(−168.8℃)	熔点/℃	−182.5
相对密度(空气=1)	0.55	溶解性	微溶于水,溶于醇、乙醚
外观与气味	无色无臭气体		

火灾爆炸危险数据

闪点/℃	−188	爆炸极限	5.3%～15%

灭火方法及灭火剂	切断气源。若不能切断气源,则不允许熄灭泄漏处的火焰。喷水冷却容器,可能的话将容器从火场移至空旷处。灭火剂:雾状水、泡沫、二氧化碳、干粉
危险特性	易燃,与空气混合能形成爆炸性混合物,遇热源和明火有燃烧爆炸的危险。与五氧化溴、氯气、次氯酸、三氟化氮、液氧、二氟化氧及其他强氧化剂接触剧烈反应

反应活性数据

稳定性	稳定	√	避免条件	
	不稳定			
聚合危险性	可能存在	√	避免条件	
	不存在			
禁忌物	强氧化剂、氟、氯		燃烧(分解)产物	一氧化碳、二氧化碳

健康危害数据

侵入途径	吸入	√	食入		皮肤	
急性毒性	LD_{50}	无资料		LC_{50}		无资料

健康危害(急性和慢性)

甲烷对人基本无毒,但浓度过高时,使空气中氧含量明显降低,使人窒息。当空气中甲烷达 25%～30% 时,可引起头痛、头晕、乏力、注意力不集中、呼吸和心跳加速、共济失调。若不及时脱离,可致窒息死亡。皮肤接触液化本品,可致冻伤

泄漏紧急处理

迅速撤离泄漏污染区人员至上风处,并进行隔离,严格限制出入。切断火源。建议应急处理人员戴自给正压式呼吸器,穿防静电工作服。尽可能切断泄漏源。合理通风,加速扩散。喷雾状水稀释、溶解。构筑围堤或挖坑收容产生的大量废水。如有可能,将漏出气用排风机送至空旷地方或装设适当喷头烧掉。也可以将漏气的容器移至空旷处,注意通风。漏气容器要妥善处理,修复、检验后再用

储运注意事项

采用钢瓶运输时必须戴好钢瓶上的安全帽。钢瓶一般平放,并应将瓶口朝同一方向,不可交叉;高度不得超过车辆的防护栏板,并用三角木垫卡牢,防止滚动。运输时运输车辆应配备相应品种和数量的消防器材。装运该物品的车辆排气管必须配备阻火装置,禁止使用易产生火花的机械设备和工具装卸。严禁与氧化剂等混装混运。夏季应早晚运输,防止日光暴晒。中途停留时应远离火种、热源。公路运输时要按规定路线行驶,勿在居民区和人口稠密区停留。铁路运输时要禁止溜放

防护措施

车间卫生标准	中国　MAC(mg/m³)	未制定标准	
	苏联　MAC(mg/m³)	300	
	美国　TVL-TWA	ACGIH 窒息性气体	
	美国　TLV-STEL	未制定标准	
工程控制	生产过程密闭,全面通风		
呼吸系统防护	一般不需要特殊防护,但建议特殊情况下,佩戴自吸过滤式防毒面具(半面罩)	身体防护	穿防静电工作服
手防护	戴一般作业防护手套	眼防护	一般不需要特殊防护,高浓度接触时可戴安全防护眼镜
其他	工作现场严禁吸烟。避免长期反复接触。进入罐、限制性空间或其他高浓度区作业,须有人监护		

9.6 甲醇

物质名称：甲醇

物化特性

沸点/℃	64.8	相对密度（水＝1）	0.79
饱和蒸气压/kPa	13.33(21.2℃)	熔点/℃	−97.8
相对密度（空气＝1）	1.11	溶解性	溶于水，可混溶于醇、醚等多种有机溶剂
外观与气味	无色澄清液体，有刺激性气味		

火灾爆炸危险数据

闪点/℃	11	爆炸极限	5.5%～44.0%
灭火方法及灭火剂	尽可能将容器从火场移至空旷处。喷水保持火场容器冷却，直至灭火结束。处在火场中的容器若已变色或从安全泄压装置中产生声音，必须马上撤离。灭火剂：抗溶性泡沫、干粉、二氧化碳、砂土		
危险特性	易燃，其蒸气与空气可形成爆炸性混合物，遇明火、高热能引起燃烧爆炸。与氧化剂接触发生化学反应或引起燃烧。在火场中，受热的容器有爆炸危险。其蒸气比空气重，能在较低处扩散到相当远的地方，遇火源会着火回燃		

反应活性数据

稳定性	稳定	√	避免条件	
	不稳定			
聚合危险性	可能存在	√	避免条件	
	不存在			
禁忌物	酸类、酸酐、强氧化剂、碱金属		燃烧（分解）产物	一氧化碳、二氧化碳

健康危害数据

侵入途径	吸入	√	食入	√	皮肤	√
急性毒性	LD_{50}	5628mg/kg（大鼠经口）；15800mg/kg（兔经皮）	LC_{50}		83776mg/m³，4h（大鼠吸入）	

健康危害（急性和慢性）

对中枢神经系统有麻醉作用；对视神经和视网膜有特殊选择作用，引起病变；可致代谢性酸中毒。

急性中毒：短时大量吸入出现轻度眼上呼吸道刺激症状（口服有胃肠道刺激症状）；经一段时间潜伏期后出现头痛、头晕、乏力、眩晕、酒醉感、意识蒙眬、谵妄，甚至昏迷。视神经及视网膜病变，可有视物模糊、复视等，重者失明。代谢性酸中毒时出现二氧化碳结合力下降、呼吸加速等。

慢性影响：神经衰弱综合征，自主神经功能失调，黏膜刺激，视力减退等。皮肤出现脱脂、皮炎等

泄漏紧急处理

迅速撤离泄漏污染区人员至安全区，并进行隔离，严格限制出入。切断火源。建议应急处理人员戴自给正压式呼吸器，穿防静电工作服。不要直接接触泄漏物。尽可能切断泄漏源。防止流入下水道、排洪沟等限制性空间。小量泄漏：用砂土或其他不燃材料吸附或吸收。也可以用大量水冲洗，洗水稀释后放入废水系统。大量泄漏：构筑围堤或挖坑收容。用泡沫覆盖，降低蒸气灾害。用防爆泵转移至槽车或专用收集器内，回收或运至废物处理场所处置

储运注意事项

本品铁路运输时限使用钢制企业自备罐车装运，装运前需报有关部门批准。运输时运输车辆应配备相应品种和数量的消防器材及泄漏应急处理设备。夏季最好早晚运输。运输时所用的槽（罐）车应有接地链，槽内可设孔隔板以减少震荡产生静电。严禁与氧化剂、酸类、碱金属、食用化学品等混装混运。运输途中应防暴晒、雨淋，防高温。中途停留时应远离火种、热源、高温区。装运该物品的车辆排气管必须配备阻火装置，禁止使用易产生火花的机械设备和工具装卸。公路运输时要按规定路线行驶，勿在居民区和人口稠密区停留。铁路运输时要禁止溜放。严禁用木船、水泥船散装运输

防护措施

车间卫生标准	中国　MAC(mg/m³)	50
	苏联　MAC(mg/m³)	5
	美国　TVL-TWA	OSHA 200ppm,262mg/m³ ACGIH 200ppm,262mg/m³[皮]
	美国　TLV-STEL	ACGIH 250ppm,328mg/m³[皮]
工程控制	生产过程密闭,加强通风。提供安全淋浴和洗眼设备	
呼吸系统防护	可能接触其蒸气时,应该佩戴过滤式防毒面具(半面罩)。紧急事态抢救或撤离时,建议佩戴空气呼吸器	身体防护　穿防静电工作服
手防护	戴橡胶手套	眼防护　戴化学安全防护眼镜
其他	工作现场禁止吸烟、进食和饮水。工作完毕,淋浴更衣。实行就业前和定期的体检	

9.7　硫酸

物质名称:硫酸

物化特性

沸点/℃	330.0	相对密度(水＝1)	1.83
饱和蒸气压/kPa	0.13(145.8℃)	熔点/℃	10.5
相对密度(空气＝1)	3.4	溶解性	与水混溶
外观与气味	纯品为无色透明油状液体,无臭		

火灾爆炸危险数据

闪点/℃	无意义	爆炸极限	无意义
灭火方法及灭火剂	消防人员必须穿全身耐酸碱消防服。灭火剂:干粉、二氧化碳、砂土。避免水流冲击物品,以免遇水会放出大量热量发生喷溅而灼伤皮肤		
危险特性	遇水大量放热,可发生沸溅。与易燃物(如苯)和可燃物(如糖、纤维素等)接触会发生剧烈反应,甚至引起燃烧。遇电石、高氯酸盐、雷酸盐、硝酸盐、苦味酸盐、金属粉末等猛烈反应,发生爆炸或燃烧。有强烈的腐蚀性和吸水性		

反应活性数据

稳定性	稳定	√	避免条件	
	不稳定			
聚合危险性	可能存在	√	避免条件	
	不存在			
禁忌物	碱类、碱金属、水、强还原剂、易燃或可燃物	燃烧(分解)产物	氧化硫

健康危害数据

侵入途径	吸入	√	食入	√	皮肤	
急性毒性	LD₅₀	2140mg/kg(大鼠经口)	LC₅₀		510mg/m³,2h(大鼠吸入); 320mg/m³,2h(小鼠吸入)	

健康危害(急性和慢性)

对皮肤、黏膜等组织有强烈的刺激和腐蚀作用。蒸气或雾可引起结膜炎、结膜水肿、角膜混浊,以致失明;引起呼吸道刺激,重者发生呼吸困难和肺水肿;高浓度引起喉痉挛或声门水肿而窒息死亡。口服后引起消化道烧伤以致溃疡形成;严重者可能有胃穿孔、腹膜炎、肾损害、休克等。皮肤灼伤轻者出现红斑、重者形成溃疡,愈后瘢痕收缩影响功能。溅入眼内可造成灼伤,甚至角膜穿孔、全眼炎以至失明。

慢性影响:牙齿酸蚀症、慢性支气管炎、肺气肿和肺硬化

泄漏紧急处理

迅速撤离泄漏污染区人员至安全区,并进行隔离,严格限制出入。建议应急处理人员戴自给正压式呼吸器,穿防酸碱工作服。不要直接接触泄漏物。尽可能切断泄漏源。防止流入下水道、排洪沟等限制性空间。小量泄漏:用砂土、干燥石灰或苏打灰混合。也可以用大量水冲洗,洗水稀释后放入废水系统。大量泄漏:构筑围堤或挖坑收容。用泵转移至槽车或专用收集器内,回收或运至废物处理场所处置

储运注意事项

本品铁路运输时限使用钢制企业自备罐车装运,装运前需报有关部门批准。铁路非罐装运输时应严格按照《危险货物道路运输规则》中的危险货物配装表进行配装。起运时包装要完整,装载应稳妥。运输过程中要确保容器不泄漏、不倒塌、不坠落、不损坏。严禁与易燃物或可燃物、还原剂、碱类、碱金属、食用化学品等混装混运。运输时运输车辆应配备泄漏应急处理设备。运输途中应防暴晒、雨淋,防高温。公路运输时要按规定路线行驶,勿在居民区和人口稠密区停留

防护措施

车间卫生标准	中国　MAC(mg/m³)	2	
	苏联　MAC(mg/m³)	1	
	美国　TVL-TWA	ACGIH 1mg/m³	
	美国　TLV-STEL	ACGIH 3mg/m³	
工程控制	密闭操作,注意通风。尽可能机械化、自动化。提供安全淋浴和洗眼设备		
呼吸系统防护	可能接触其烟雾时,佩戴自吸过滤式防毒面具(全面罩)或空气呼吸器。紧急事态抢救或撤离时,建议佩戴氧气呼吸器	身体防护	穿橡胶耐酸碱服
手防护	戴橡胶耐酸碱手套	眼防护	呼吸系统防护中已作防护
其他	工作现场禁止吸烟、进食和饮水。工作完毕,淋浴更衣。单独存放被毒物污染的衣服,洗后备用。保持良好的卫生习惯		

9.8　乙烯

标识	中文名:乙烯		英文名:ethylene		
	分子式:C_2H_4		分子量:28.06		CAS号:74-85-1
	危险性类别:第2.1类易燃气体				
理化性质	外观与性状:无色气体,略具烃类特有的臭味				
	熔点/℃:−169.4		沸点/℃:−103.9		
	临界温度/℃:9.2		临界压力/MPa:5.04		
	燃烧热/(kJ/mol):1409.6		饱和蒸气压/kPa:4083.40(0℃)		
	相对密度(水=1):0.61 相对密度(空气=1):0.98				
	溶解性:不溶于水,微溶于乙醇、酮、苯,溶于醚				

燃烧爆炸危险性	燃烧性:本品易燃		禁配物:强氧化剂、卤素
	引燃温度/℃:425		闪点/℃:无意义
	爆炸下限/%:2.7		爆炸上限/%:36.0
	最小点火能/MJ:无资料		最大爆炸压力/MPa:无资料
	危险特性:易燃,与空气混合能形成爆炸性混合物。遇明火、高热或与氧化剂接触,有引起燃烧爆炸的危险。与氟、氯等接触会发生剧烈的化学反应		
	灭火方法:切断气源。若不能切断气源,则不允许熄灭泄漏处的火焰。喷水冷却容器,可能的话将容器从火场移至空旷处。灭火剂:雾状水、泡沫、二氧化碳、干粉		
毒性	LD_{50}:无资料;LC_{50}:无资料		
	OELs(mg/m³):MAC:—;PC-TWA:;PC-STEL:—		
健康危害	具有较强的麻醉作用。急性中毒:吸入高浓度乙烯可立即引起意识丧失,无明显的兴奋期,但吸入新鲜空气后,可很快苏醒。对眼及呼吸道黏膜有轻微刺激性。液态乙烯可致皮肤冻伤。慢性影响:长期接触,可引起头昏、全身不适、乏力、思维不集中。个别人有胃肠道功能紊乱		
急救措施	皮肤接触:若有冻伤,就医治疗。吸入:迅速脱离现场至空气新鲜处。保持呼吸道通畅。如呼吸困难,给输氧。如呼吸停止,立即进行人工呼吸。就医		
防护	工程控制:生产过程密闭,全面通风。呼吸系统防护:一般不需要特殊防护,高浓度接触时可佩戴自吸过滤式防毒面具(半面罩)。眼睛防护:一般不需要特殊防护。必要时,戴化学安全防护眼镜。身体防护:穿防静电工作服。手防护:戴一般作业防护手套。其他防护:作现场严禁吸烟。避免长期反复接触。进入罐、限制性空间或其他高浓度区作业,须有人监护		
储运条件	危规号:21016	UN编号:1962	包装标志:易燃气体	包装类别:O52
	储存于阴凉、通风的库房。远离火种、热源。库温不宜超过30℃。应与氧化剂、卤素分开存放,切忌混储。采用防爆型照明、通风设施。禁止使用易产生火花的机械设备和工具。储区应备有泄漏应急处理设备。采用钢瓶运输时必须戴好钢瓶上的安全帽。钢瓶一般平放,并应将瓶口朝同一方向,不可交叉;高度不得超过车辆的防护栏板,并用三角木垫卡牢,防止滚动。运输时运输车辆应配备相应品种和数量的消防器材。装运该物品的车辆排气管必须配备阻火装置,禁止使用易产生火花的机械设备和工具装卸。严禁与氧化剂、卤素等混装混运。夏季应早晚运输,防止日光暴晒。中途停留时应远离火种、热源。公路运输时要按规定路线行驶,勿在居民区和人口稠密区停留。铁路运输时要禁止溜放		
泄漏应急处理	迅速撤离泄漏污染区人员至上风处,并进行隔离,严格限制出入。切断火源。建议应急处理人员戴自给正压式呼吸器,穿防静电工作服。尽可能切断泄漏源。合理通风,加速扩散。喷雾状水稀释。如有可能,将漏出气用排风机送至空旷地方或装设适当喷头烧掉。漏气容器要妥善处理,修复、检验后再用		

9.9 氯化氢

物质名称:氯化氢

物化特性

沸点/℃	−85.0	相对密度(水=1)	1.19
饱和蒸气压/kPa	4225.6(20℃)	熔点/℃	−114.2
相对密度(空气=1)	1.27	溶解性	易溶于水
外观与气味	无色有刺激性气味的气体		

火灾爆炸危险数据

闪点/℃	无意义	爆炸极限	无意义

续表

灭火方法及灭火剂	本品不燃。但与其他物品接触引起火灾时,消防人员须穿戴全身防护服,关闭火场中钢瓶的阀门,减弱火势,并用水喷淋保护去关闭阀门的人员。喷水冷却容器,可能的话将容器从火场移至空旷处
危险特性	无水氯化氢无腐蚀性,但遇水时有强腐蚀性。能与一些活性金属粉末发生反应,放出氢气。遇氰化物能产生剧毒的氰化氢气体

反应活性数据

稳定性	稳定	√	避免条件	
	不稳定			
聚合危险性	可能存在	√	避免条件	
	不存在			
禁忌物	碱类、活性金属粉末		燃烧(分解)产物	

健康危害数据

侵入途径	吸入	√	食入		皮肤	
急性毒性	LD$_{50}$	无资料		LC$_{50}$	4600mg/m^3,1h(大鼠吸入).	

健康危害(急性和慢性)

本品对眼和呼吸道黏膜有强烈的刺激作用。

急性中毒:出现头痛、头昏、恶心、眼痛、咳嗽、痰中带血、声音嘶哑、呼吸困难、胸闷、胸痛等。重者发生肺炎、肺水肿、肺不张。眼角膜可见溃疡或混浊。皮肤直接接触可出现大量粟粒样红色小丘疹而呈潮红痛热。

慢性影响:长期较高浓度接触,可引起慢性支气管炎、胃肠功能障碍及牙齿酸蚀症

泄漏紧急处理

迅速撤离泄漏污染区人员至上风处,并立即进行隔离,小泄漏时隔离150m,大泄漏时隔离300m,严格限制出入。建议应急处理人员戴自给正压式呼吸器,穿化学防护服。从上风处进入现场。尽可能切断泄漏源。合理通风,加速扩散。喷氨水或其他稀碱液中和。构筑围堤或挖坑收容产生的大量废水。如有可能,将残余气或漏出气用排风机送至水洗塔或与塔相连的通风橱内。漏气容器要妥善处理,修复、检验后再用

储运注意事项

铁路运输时应严格按照《危险货物道路运输规则》中的危险货物配装表进行配装。采用钢瓶运输时必须戴好钢瓶上的安全帽。钢瓶一般平放,并应将瓶口朝同一方向,不可交叉;高度不得超过车辆的防护栏板,并用三角木垫卡牢,防止滚动。严禁与碱类、活性金属粉末、食用化学品等混装混运。夏季应早晚运输,防止日光暴晒。公路运输时要按规定路线行驶,禁止在居民区和人口稠密区停留。铁路运输时要禁止溜放

防护措施

车间卫生标准	中国　MAC(mg/m^3)	15		
	苏联　MAC(mg/m^3)	未制定标准		
	美国　TVL-TWA	OSHA 5ppm,7.5mg/m^3[上限值]		
	美国　TLV-STEL	ACGIH 5ppm,7.5mg/m^3		
工程控制	严加密闭,提供充分的局部排风和全面通风			
呼吸系统防护	空气中浓度超标时,佩戴过滤式防毒面具(半面罩)。紧急事态抢救或撤离时,建议佩戴空气呼吸器		身体防护	穿化学防护服
手防护	戴橡胶手套		眼防护	必要时,戴化学安全防护眼镜
其他	工作完毕,淋浴更衣。保持良好的卫生习惯			

133

9.10 氯甲烷

物质名称:氯甲烷

物化特性

沸点/℃	−23.7	相对密度(水=1)	0.92
饱和蒸气压/kPa	506.62(22℃)	熔点/℃	−97.7
相对密度(空气=1)	1.78	溶解性	易溶于水、乙醇、氯仿等
外观与气味	无色气体,有醚样的微甜气味		

火灾爆炸危险数据

闪点/℃	无意义	爆炸极限	7.0%~19.0%
灭火方法及灭火剂	切断气源。若不能切断气源,则不允许熄灭泄漏处的火焰。喷水冷却容器,可能的话将容器从火场移至空旷处。灭火剂:雾状水、泡沫、二氧化碳		
危险特性	与空气混合能形成爆炸性混合物。遇火花或高热能引起爆炸,并生成光气。接触铝及其合金能生成自燃性的铝化合物		

反应活性数据

稳定性	稳定	√	避免条件	接触潮气可分解
	不稳定			
聚合危险性	可能存在	√	避免条件	接触潮气可分解
	不存在			
禁忌物	强氧化剂		燃烧(分解)产物	一氧化碳、二氧化碳、氯化氢、光气

健康危害数据

| 侵入途径 | 吸入 | √ | 食入 | | 皮肤 | |
| 急性毒性 | LD$_{50}$ | 无资料 | LC$_{50}$ | 5300mg/m^3,4h(大鼠吸入) | | |

健康危害(急性和慢性)

本品有刺激和麻醉作用,严重损伤中枢神经系统,亦能损害肝、肾和睾丸。

急性中毒:轻度者有头痛、眩晕、恶心、呕吐、视力模糊、步态蹒跚、精神错乱等。严重中毒时,可出现谵妄、躁动、抽搐、震颤、视力障碍、昏迷,呼气中有酮体味。尿中检出甲酸盐和酮体有助于诊断。皮肤接触可因氯甲烷在体表迅速蒸发而致冻伤。

慢性影响:低浓度长期接触,可发生困倦、嗜睡、头痛、感觉异常、情绪不稳等症状,较重者有步态蹒跚、视力障碍及震颤等症状

泄漏紧急处理

迅速撤离泄漏污染区人员至上风处,并进行隔离,严格限制出入。切断火源。建议应急处理人员戴自给正压式呼吸器,穿防毒服。尽可能切断泄漏源。合理通风,加速扩散。喷雾状水稀释、溶解。构筑围堤或挖坑收容产生的大量废水。如有可能,将残余气或漏出气用排风机送至水洗塔或与塔相连的通风橱内。漏气容器要妥善处理,修复、检验后再用

储运注意事项

采用钢瓶运输时必须戴好钢瓶上的安全帽。钢瓶一般平放,并应将瓶口朝同一方向,不可交叉;高度不得超过车辆的防护栏板,并用三角木垫卡牢,防止滚动。运输时运输车辆应配备相应品种和数量的消防器材。装运该物品的车辆排气管必须配备阻火装置,禁止使用易产生火花的机械设备和工具装卸。严禁与氧化剂、食用化学品等混装混运。夏季应早晚运输,防止日光暴晒。中途停留时应远离火种、热源。公路运输时要按规定路线行驶,禁止在居民区和人口稠密区停留。铁路运输时要禁止溜放

防护措施				
车间卫生标准	中国　MAC(mg/m³)	40		
	苏联　MAC(mg/m³)	5		
	美国　TVL-TWA	OSHA 100ppm,207mg/m³ ACGIH 50ppm,103mg/m³[皮]		
	美国　TLV-STEL	ACGIH 100ppm,207mg/m³[皮]		
工程控制	严加密闭,提供充分的局部排风和全面通风。提供安全淋浴和洗眼设备			
呼吸系统防护	空气中浓度超标时,佩戴过滤式防毒面具(半面罩)。紧急事态抢救或撤离时,必须佩戴正压自给式呼吸器		身体防护	穿透气型防毒服
手防护	戴防化学品手套		眼防护	戴化学安全防护眼镜
其他	工作现场禁止吸烟、进食和饮水。工作完毕,淋浴更衣。注意个人清洁卫生			

9.11　氯乙烷

标识	中文名:氯乙烷;乙基氯		英文名:chloroethane;ethyl chloride	
	分子式:C_2H_5Cl	分子量:64.52		UN 编号:1037
	危险类别:第 2.1 类易燃气体	危规号:21036		CAS 号:75-0-3
	包装标志:易燃气体	包装类别:O52		

理化性质	外观与性状:无色气体,有类似醚样的气味	
	溶解性:微溶于水,可混溶于多数有机溶剂	
	熔点/℃:－140.8	沸点/℃:12.5
	相对密度(水＝1):0.92	相对密度(空气＝1):2.20
	饱和蒸气压/kPa:53.32(－3.9℃)	燃烧热/(kJ/mol):1349.3
	临界温度/℃:187.2	临界压力/MPa:5.23

燃烧爆炸危险性	燃烧性:本品易燃,具刺激性	闪点/℃:－43(0℃)
	爆炸下限/%:3.6	爆炸上限/%:14.8
	引燃温度/℃:510	最小点火能/MJ:无资料
	最大爆炸压力/MPa:无资料	稳定性:无资料
	聚合危害:无资料	燃烧分解产物:一氧化碳、二氧化碳、氯化氢、光气
	避免接触的条件:无资料	禁忌物:强氧化剂、钾、钠及其合金
	危险特性:易燃,与空气混合能形成爆炸性混合物。遇热源和明火有燃烧爆炸的危险。与氧化剂接触猛烈反应。气体比空气重,能在较低处扩散到相当远的地方,遇火源会着火回燃	
	灭火方法:切断气源。若不能切断气源,则不允许熄灭泄漏处的火焰。喷水冷却容器,可能的话将容器从火场移至空旷处。灭火剂:雾状水、泡沫、干粉、二氧化碳	

毒性	LD_{50}:无资料;LC_{50}:160000mg/m³,2h(大鼠吸入)
	OELs(mg/m³):MAC:—;PC-TWA:—;PC-STEL:—

健康危害	侵入途径:吸入
	有刺激和麻醉作用。高浓度损害心、肝、肾。吸入 2%～4% 浓度时可引起运动失调、轻度痛觉减退,并很快出现知觉消失,但其刺激作用非常轻微;高浓度接触引起麻醉,出现中枢抑制,可出现循环和呼吸抑制。皮肤接触后可因局部迅速降温,造成冻伤
急救	皮肤接触:若有冻伤,就医治疗。吸入:迅速脱离现场至空气新鲜处。保持呼吸道通畅。如呼吸困难,给输氧。如呼吸停止,立即进行人工呼吸。就医
防护	工程控制:严加密闭,提供充分的局部排风和全面通风。呼吸系统防护:空气中浓度较高时,建议选择自吸过滤式防毒面具(半面罩)。眼睛防护:戴化学安全防护眼镜。身体防护:穿防静电工作服。手防护:戴防化学品手套。其他:工作现场严禁吸烟。进入罐、限制性空间或其他高浓度区作业,须有人监护
泄漏处理	迅速撤离泄漏污染区人员至上风处,并进行隔离,严格限制出入。切断火源。建议应急处理人员戴自给正压式呼吸器,穿防静电工作服。尽可能切断泄漏源。用工业覆盖层或吸附/吸收剂盖住泄漏点附近的下水道等地方,防止气体进入。合理通风,加速扩散。喷雾状水稀释、溶解。构筑围堤或挖坑收容产生的大量废水。如有可能,即时使用。漏气容器要妥善处理,修复、检验后再用
储运	储存于阴凉、通风的库房。远离火种、热源。库温不宜超过 30℃。应与氧化剂、活性金属粉末等分开存放,切忌混储。采用防爆型照明、通风设施。禁止使用易产生火花的机械设备和工具。储区应备有泄漏应急处理设备。采用钢瓶运输时必须戴好钢瓶上的安全帽。钢瓶一般平放,并应将瓶口朝同一方向,不可交叉;高度不得超过车辆的防护栏板,并用三角木垫卡牢,防止滚动。运输时运输车辆应配备相应品种和数量的消防器材。装运该物品的车辆排气管必须配备阻火装置,禁止使用易产生火花的机械设备和工具卸车。严禁与氧化剂、活性金属粉末、食用化学品等混装混运。夏季应早晚运输,防止日光曝晒。中途停留时应远离火种、热源。公路运输时要按规定路线行驶,禁止在居民区和人口稠密区停留。铁路运输时要禁止溜放

9.12　氢氧化钠

物质名称:氢氧化钠

物化特性

沸点/℃	1390	相对密度(水=1)	2.12
饱和蒸气压/kPa	0.13(739℃)	熔点/℃	318.4
相对密度(空气=1)	无资料	溶解性	易溶于水、乙醇、甘油,不溶于丙酮
外观与气味	白色不透明固体,易潮解		

火灾爆炸危险数据

闪点/℃	无意义	爆炸极限	无意义
灭火方法及灭火剂	用水、砂土扑救,但须防止物品遇水产生飞溅,造成灼伤		
危险特性	与酸发生中和反应并放热。遇潮时对铝、锌和锡有腐蚀性,并放出易燃易爆的氢气。本品不会燃烧,遇水和水蒸气大量放热,形成腐蚀性溶液。具有强腐蚀性		

反应活性数据

稳定性	稳定	√	避免条件	潮湿空气
	不稳定			
聚合危险性	可能存在	√	避免条件	潮湿空气
	不存在			
禁忌物	强酸、易燃或可燃物、二氧化碳、过氧化物、水	燃烧(分解)产物	可能产生有害的毒性烟雾	

健康危害数据

侵入途径	吸入	√	食入	√	皮肤	
急性毒性	LD$_{50}$	无资料	LC$_{50}$	无资料		

健康危害(急性和慢性)

　　本品有强烈刺激和腐蚀性。粉尘刺激眼和呼吸道,腐蚀鼻中隔;皮肤和眼直接接触可引起灼伤;误服可造成消化道灼伤,黏膜糜烂、出血和休克

泄漏紧急处理

　　隔离泄漏污染区,限制出入。建议应急处理人员戴防尘面具(全面罩),穿防酸碱工作服。不要直接接触泄漏物。小量泄漏:避免扬尘,用洁净的铲子收集于干燥、洁净、有盖的容器中。也可以用大量水冲洗,洗水稀释后放入废水系统。大量泄漏:收集回收或运至废物处理场所处置

储运注意事项

　　铁路运输时,钢桶包装的可用敞车运输。起运时包装要完整,装载应稳妥。运输过程中要确保容器不泄漏、不倒塌、不坠落、不损坏。严禁与易燃物或可燃物、酸类、食用化学品等混装混运。运输时运输车辆应配备泄漏应急处理设备

防护措施

车间卫生标准	中国　MAC(mg/m^3)	0.5		
	苏联　MAC(mg/m^3)	0.5		
	美国　TVL-TWA	OSHA 2mg/m^3		
	美国　TLV-STEL	ACGIH 2mg/m^3		
工程控制	密闭操作。提供安全淋浴和洗眼设备			
呼吸系统防护	可能接触其粉尘时,必须佩戴头罩型电动送风过滤式防尘呼吸器。必要时,佩戴空气呼吸器	身体防护	穿橡胶耐酸碱服	
手防护	戴橡胶耐酸碱手套	眼防护	呼吸系统防护中已作防护	
其他	工作场所禁止吸烟、进食和饮水,饭前要洗手。工作完毕,淋浴更衣。注意个人清洁卫生			

9.13　二氯甲烷

物质名称:二氯甲烷

物化特性

沸点/℃	39.8	相对密度(水=1)	1.33
饱和蒸气压/kPa	30.55(10℃)	熔点/℃	−96.7
蒸气密度(空气=1)	2.93	溶解性	微溶于水,溶于乙醇、乙醚
外观与气味	无色透明液体,有芳香气味		

火灾爆炸危险数据

闪点/℃	无资料	爆炸极限	12%～19%
灭火方法及灭火剂	消防人员须佩戴防毒面具、穿全身消防服,在上风向灭火。喷水冷却容器,可能的话将容器从火场移至空旷处。灭火剂:雾状水、泡沫、二氧化碳、砂土		
危险特性	与明火或灼热的物体接触时能产生剧毒的光气。遇潮湿空气能水解生成微量的氯化氢,光照亦能促进水解而对金属的腐蚀性增强		

反应活性数据

稳定性	稳定	√	避免条件	光照	
	不稳定				
聚合危险性	可能存在	√	避免条件	光照	
	不存在				
禁忌物	碱金属、铝		燃烧(分解)产物		一氧化碳、二氧化碳、氯化氢、光气

健康危害数据

侵入途径	吸入	√		食入	√	皮肤		√
急性毒性	LD_{50}	1600~2000mg/kg(大鼠经口)		LC_{50}		88000mg/m³,0.5h(大鼠吸入)		

健康危害(急性和慢性)

本品有麻醉作用,主要损害中枢神经和呼吸系统。

急性中毒:轻者可有眩晕、头痛、呕吐以及眼和上呼吸道黏膜刺激症状;较重者则出现易激动、步态不稳、共济失调、嗜睡,可引起化学性支气管炎。重者昏迷,可有肺水肿。血中碳氧血红蛋白含量增高。

慢性影响:长期接触主要有头痛、乏力、眩晕、食欲减退、动作迟钝、嗜睡等。对皮肤有脱脂作用,引起干燥、脱屑和皲裂等

泄漏紧急处理

迅速撤离泄漏污染区人员至安全区,并进行隔离,严格限制出入。切断火源。建议应急处理人员戴自给正压式呼吸器,穿防毒服。尽可能切断泄漏源。防止流入下水道、排洪沟等限制性空间。小量泄漏:用砂土或其他不燃材料吸附或吸收。大量泄漏:构筑围堤或挖坑收容。用泡沫覆盖,降低蒸气灾害。用泵转移至槽车或专用收集器内,回收或运至废物处理场所处置

储运注意事项

运输前应先检查包装容器是否完整、密封,运输过程中要确保容器不泄漏、不倒塌、不坠落、不损坏。严禁与酸类、氧化剂、食品及食品添加剂混运。运输时运输车辆应配备相应品种和数量的消防器材及泄漏应急处理设备。运输途中应防暴晒、雨淋,防高温。公路运输时要按规定路线行驶

防护措施

车间卫生标准	中国　MAC(mg/m³)	200
	苏联　MAC(mg/m³)	50
	美国　TVL-TWA	OSHA 500ppm;ACGIH 50ppm,175mg/m³
	美国　TLV-STEL	未制定标准
工程控制	密闭操作,局部排风	
呼吸系统防护	空气中浓度超标时,应该佩戴直接式防毒面具(半面罩)。紧急事态抢救或撤离时,佩戴空气呼吸器	身体防护	穿防毒物渗透工作服
手防护	戴防化学品手套	眼防护	必要时,戴化学安全防护眼镜
其他	工作现场禁止吸烟、进食和饮水。工作完毕,淋浴更衣。单独存放被毒物污染的衣服,洗后备用。注意个人清洁卫生		

9.14　三氯甲烷

物质名称:三氯甲烷

物化特性

沸点/℃	61.3	相对密度(水=1)	1.50

饱和蒸气压/kPa	13.33(10.4℃)	熔点/℃	−63.5
相对密度(空气＝1)	4.12	溶解性	不溶于水,溶于醇、醚、苯
外观与气味	无色透明重质液体,极易挥发,有特殊气味		

火灾爆炸危险数据

闪点/℃	无意义	爆炸极限	无意义
灭火方法及灭火剂	消防人员必须佩戴过滤式防毒面具(全面罩)或隔离式呼吸器、穿全身防火防毒服,在上风向灭火。灭火剂:雾状水、二氧化碳、砂土		
危险特性	与明火或灼热的物体接触时能产生剧毒的光气。在空气、水分和光的作用下,酸度增加,因而对金属有强烈的腐蚀性		

反应活性数据

稳定性	稳定	√	避免条件	光照
	不稳定			
聚合危险性	可能存在	√	避免条件	光照
	不存在			
禁忌物	碱类、铝		燃烧(分解)产物	氯化氢、光气

健康危害数据

侵入途径	吸入	√	食入	√	皮肤	√
急性毒性	LD_{50}	908mg/kg(大鼠经口)	LC_{50}		47702mg/m³,4h(大鼠吸入)	

健康危害(急性和慢性)

主要作用于中枢神经系统,具有麻醉作用,对心、肝、肾有损害。

急性中毒:吸入或经皮肤吸收引起急性中毒。初期有头痛、头晕、恶心、呕吐、兴奋、皮肤湿热和黏膜刺激症状。以后呈现精神紊乱、呼吸表浅、反射消失、昏迷等,重者发生呼吸麻痹、心室纤维性颤动。同时可伴有肝、肾损害。误服中毒时,胃有烧灼感,伴恶心、呕吐、腹痛、腹泻。以后出现麻醉症状。液态可致皮炎、湿疹,甚至皮肤灼伤。

慢性影响:主要引起肝脏损害,并有消化不良、乏力、头痛、失眠等症状,少数有肾损害及嗜氯仿癖

泄漏紧急处理

迅速撤离泄漏污染区人员至安全区,并进行隔离,严格限制出入。建议应急处理人员戴自给正压式呼吸器,穿防毒服。不要直接接触泄漏物。尽可能切断泄漏源。小量泄漏:用砂土、蛭石或其他惰性材料吸收。大量泄漏:构筑围堤或挖坑收容。用泡沫覆盖,降低蒸气灾害。用泵转移至槽车或专用收集器内,回收或运至废物处理场所处置

储运注意事项

铁路运输时应严格按照《危险货物道路运输规则》中的危险货物配装表进行配装。运输前应先检查包装容器是否完整、密封,运输过程中要确保容器不泄漏、不倒塌、不坠落、不损坏。严禁与酸类、氧化剂、食品及食品添加剂混运。运输时运输车辆应配备泄漏应急处理设备。运输途中应防暴晒、雨淋,防高温。公路运输时要按规定路线行驶,勿在居民区和人口稠密区停留

防护措施

车间卫生标准	中国　MAC(mg/m³)	20
	苏联　MAC(mg/m³)	未制定标准
	美国　TVL-TWA	OSHA 50ppm[上限值];ACGIH 10ppm,49mg/m³
	美国　TLV-STEL	未制定标准
工程控制	密闭操作,局部排风	

呼吸系统防护	空气中浓度超标时,应该佩戴直接式防毒面具(半面罩)。紧急事态抢救或撤离时,佩戴空气呼吸器	身体防护	穿防毒物渗透工作服

手防护	戴防化学品手套	眼防护	戴化学安全防护眼镜
其他	工作现场禁止吸烟、进食和饮水。工作完毕,淋浴更衣。单独存放被毒物污染的衣服,洗后备用。注意个人清洁卫生		

9.15 四氯化碳

物质名称:四氯化碳

物化特性

沸点/℃	76.8	相对密度(水=1)	1.60
饱和蒸气压/kPa	13.33(23℃)	熔点/℃	−22.6
相对密度(空气=1)	5.3	溶解性	微溶于水,易溶于多数有机溶剂
外观与气味	无色有特臭的透明液体,极易挥发		

火灾爆炸危险数据

闪点/℃	无意义	爆炸极限	无意义
灭火方法及灭火剂	消防人员必须佩戴过滤式防毒面具(全面罩)或隔离式呼吸器、穿全身防火防毒服,在上风向灭火。灭火剂:雾状水、二氧化碳、砂土		
危险特性	本品不会燃烧,但遇明火或高温易产生剧毒的光气和氯化氢烟雾。在潮湿的空气中逐渐分解成光气和氯化氢		

反应活性数据

稳定性	稳定	√	避免条件	光照
	不稳定			
聚合危险性	可能存在	√	避免条件	光照
	不存在			
禁忌物	活性金属粉末、强氧化剂	燃烧(分解)产物		光气、氯化物

健康危害数据

侵入途径	吸入	√	食入	√	皮肤	√
急性毒性	LD_{50}	2350mg/kg(大鼠经口);5070mg/kg(大鼠经皮)	LC_{50}		50400mg/m³,4h(大鼠吸入)	

健康危害(急性和慢性)

高浓度本品蒸气对黏膜有轻度刺激作用,对中枢神经系统有麻醉作用,对肝、肾有严重损害。

急性中毒:吸入较高浓度本品蒸气,最初出现眼及上呼吸道刺激症状。随后可出现中枢神经系统抑制和胃肠道症状。较严重病例数小时或数天后出现中毒性肝肾损伤。重者甚至发生肝坏死、肝昏迷或急性肾功能衰竭。吸入极高浓度可迅速出现昏迷、抽搐,可因室颤和呼吸中枢麻痹而猝死。口服中毒肝肾损害明显。少数病例发生周围神经炎、球后视神经炎。皮肤直接接触可致损害。

慢性中毒:神经衰弱综合征、肝肾损害、皮炎

泄漏紧急处理

迅速撤离泄漏污染区人员至安全区,并进行隔离,严格限制出入。建议应急处理人员戴自给正压式呼吸器,穿防毒服。不要直接接触泄漏物。尽可能切断泄漏源。小量泄漏:用活性炭或其他惰性材料吸收。大量泄漏:构筑围堤或挖坑收容。喷雾状水冷却和稀释蒸汽,保护现场人员,但不要对泄漏点直接喷水。用泵转移至槽车或专用收集器内,回收或运至废物处理场所处置

储运注意事项

　　运输前应先检查包装容器是否完整、密封，运输过程中要确保容器不泄漏、不倒塌、不坠落、不损坏。严禁与酸类、氧化剂、食品及食品添加剂混运。运输时运输车辆应配备泄漏应急处理设备。运输途中应防暴晒、雨淋，防高温。公路运输时要按规定路线行驶

防护措施

车间卫生标准	中国　MAC(mg/m³)	25[皮]		
	苏联　MAC(mg/m³)	未制定标准		
	美国　TVL-TWA	OSHA 10ppm；ACGIH 5ppm，31mg/m³[皮]		
	美国　TLV-STEL	ACGIH 10ppm，63mg/m³[皮]		
工程控制	生产过程密闭，加强通风			
呼吸系统防护	空气中浓度超标时，应该佩戴直接式防毒面具(半面罩)。紧急事态抢救或撤离时，佩戴空气呼吸器		身体防护	穿防毒物渗透工作服
手防护	戴防化学品手套		眼防护	戴安全护目镜
其他	工作现场禁止吸烟、进食和饮水。工作完毕，淋浴更衣。单独存放被毒物污染的衣服，洗后备用。实行就业前和定期的体检			

9.16　四氯乙烯

物质名称：四氯乙烯

物化特性

沸点/℃	121.2	相对密度(水=1)	1.63
饱和蒸气压/kPa	2.11(20℃)	熔点/℃	−22.2
蒸气密度(空气=1)	5.83	溶解性	不溶于水，可混溶于乙醇、乙醚等多种有机溶剂
外观与气味	无色液体，有氯仿样气味		

火灾爆炸危险数据

闪点/℃	无资料	爆炸极限	无资料
灭火方法及灭火剂	消防人员须佩戴氧气呼吸器。喷水保持火场容器冷却，直至灭火结束。灭火剂：雾状水、泡沫、干粉、二氧化碳、砂土		
危险特性	一般不会燃烧，但长时间暴露在明火及高温下仍能燃烧。受高热分解产生有毒的腐蚀性烟气		

反应活性数据

稳定性	稳定	√	避免条件	
	不稳定			
聚合危险性	可能存在		避免条件	
	不存在	√		
禁忌物	强碱、活性金属粉末、碱金属	燃烧(分解)产物	氯化氢、光气	

健康危害数据

侵入途径	吸入	√	食入	√	皮肤	√

141

急性毒性	LD$_{50}$	3005mg/kg(大鼠经口)	LC$_{50}$	50427mg/m^3,4h(大鼠吸入)

健康危害(急性和慢性)

本品有刺激和麻醉作用。吸入急性中毒者有上呼吸道刺激症状、流泪、流涎。随之出现头晕、头痛、恶心、运动失调及酒醉样症状。口服后出现头晕、头痛、嗜睡、恶心、呕吐、腹痛、视力模糊、四肢麻木,甚至出现兴奋不安、抽搐乃至昏迷,可致死。

慢性影响:有乏力、眩晕、恶心、酩酊感等。可有肝损害。皮肤反复接触,可致皮炎和湿疹

泄漏紧急处理

迅速撤离泄漏污染区人员至安全区,并进行隔离,严格限制出入。建议应急处理人员戴自给正压式呼吸器,穿防毒服。从上风处进入现场。尽可能切断泄漏源。防止流入下水道、排洪沟等限制性空间。小量泄漏:用砂土或其他不燃材料吸附或吸收。也可以用不燃性分散剂制成的乳液刷洗,洗液稀释后放入废水系统。大量泄漏:构筑围堤或挖坑收容。用泡沫覆盖,降低蒸气灾害。用泵转移至槽车或专用收集器内,回收或运至废物处理场所处置

储运注意事项

医药用的四氯乙烯可按普通货物条件运输。运输前应先检查包装容器是否完整、密封,运输过程中要确保容器不泄漏、不倒塌、不坠落、不损坏。严禁与酸类、氧化剂、食品及食品添加剂混运。运输时运输车辆应配备相应品种和数量的消防器材及泄漏应急处理设备。运输途中应防暴晒、雨淋,防高温。公路运输时要按规定路线行驶

防护措施

车间卫生标准	中国　MAC(mg/m^3)	200		
	苏联　MAC(mg/m^3)	10		
	美国　TVL-TWA	OSHA 100ppm;ACGIH 25ppm,170mg/m^3		
	美国　TLV-STEL	ACGIH 100ppm,685mg/m^3		
工程控制	生产过程密闭,加强通风			
呼吸系统防护	可能接触其蒸气时,应该佩戴自吸过滤式防毒面具(半面罩)。紧急事态抢救或撤离时,佩戴氧气呼吸器。		身体防护	穿透气型防毒服
手防护	戴防化学品手套		眼防护	戴化学安全防护眼镜
其他	工作现场禁止吸烟、进食和饮水。工作完毕,淋浴更衣。单独存放被毒物污染的衣服,洗后备用。注意个人清洁卫生			

9.17　环氧乙烷

标识	中文名:环氧乙烷		英文名:epoxyethane;ethylene oxide	
	分子式:C$_2$H$_4$O;CH$_2$CH$_2$O		分子量:44.05	UN 编号:1040
	危险类别:第 2.1 类易燃气体		危规号:21039	CAS 号:75-21-8
	包装标志:易燃气体		包装类别:Ⅱ类	
理化性质	外观与性状:无色气体		溶解性:易溶于水、多数有机溶剂	
	熔点/℃:−112.2		沸点/℃:10.4	
	相对密度(水=1):0.87		相对密度(空气=1):1.52	
	饱和蒸气压/kPa:145.91(20℃)		燃烧热/(kJ/mol):1262.8	
	临界温度/℃:195.8		临界压力/MPa:7.19	

燃烧爆炸危险性	燃烧性:易燃,有毒,为致癌物,具刺激性,具致敏性		闪点/℃:<-17.8(0℃)	
	爆炸下限/%:3		爆炸上限/%:100	
	引燃温度/℃:429		最小点火能/MJ:无意义	
	最大爆炸压力/MPa:无意义		稳定性:	
	聚合危害:能聚合		燃烧分解产物:一氧化碳、二氧化碳	
	避免接触的条件:受热、光照		禁忌物:酸类、碱类、醇类、氨、铜	
	危险特性:其蒸气能与空气形成范围广阔的爆炸性混合物。遇热源和明火有燃烧爆炸的危险。若遇高热可发生剧烈分解,引起容器破裂或爆炸事故。接触碱金属、氢氧化物或高活性催化剂如铁、锡和铝的无水氯化物及铁和铝的氧化物可大量放热,并可能引起爆炸。其蒸气比空气重,能在较低处扩散到相当远的地方,遇火源会着火回燃			
	灭火方法:切断气源。若不能切断气源,则不允许熄灭泄漏处的火焰。喷水冷却容器,可能的话将容器从火场移至空旷处。灭火剂:雾状水、抗溶性泡沫、干粉、二氧化碳			
毒性	LD₅₀:1530mg/kg(大鼠经口),2740mg/kg(兔经皮);LC₅₀:无资料 OELs(mg/m³):MAC:—;PC-TWA:2;PC-STEL:—			
刺激性	家兔经眼:18mg/6h,中度刺激。人经皮:1%,7s,皮肤刺激			
健康危害	侵入途径:吸入、食入、经皮吸收 是一种中枢神经抑制剂、刺激剂和原浆毒物。急性中毒:患者有剧烈的搏动性头痛、头晕、恶心和呕吐、流泪、呛咳、胸闷、呼吸困难;重者全身肌肉颤动、言语障碍、共济失调、出汗、神志不清,以致昏迷。还可见心肌损害和肝功能异常。抢救恢复后可有短暂精神失常,迟发性功能性失音或中枢性偏瘫。皮肤接触迅速发生红肿,数小时后起泡,反复接触可致敏。液体溅入眼内,可致角膜灼伤。慢性影响:长期少量接触,可见有神经衰弱综合征和自主神经功能紊乱			
急救	皮肤接触:立即脱去被污染的衣着,用大量流动清水冲洗,至少15min。就医。眼睛接触:立即提起眼睑,用流动清水或生理盐水彻底冲洗至少15min。就医。吸入:迅速脱离现场至空气新鲜处。保持呼吸道通畅。如呼吸困难,给输氧。如呼吸停止,立即进行人工呼吸。呼吸心跳停止时,立即进行人工呼吸和胸外心脏按压术			
防护	工程控制:密闭操作,局部排风。提供安全淋浴和洗眼设备。呼吸系统防护:空气中浓度超标时,建议佩戴自吸过滤式防毒面具(全面罩)。紧急事态抢救或撤离时,建议佩戴空气呼吸器。眼睛防护:呼吸系统防护中已作防护。身体防护:穿防静电工作服。手防护:戴橡胶手套。其他:工作现场严禁吸烟。工作完毕,淋浴更衣。注意个人清洁卫生			
泄漏处理	迅速撤离泄漏污染区人员至上风处,并立即隔离150m,严格限制出入。切断火源。建议应急处理人员戴自给正压式呼吸器,穿防静电工作服。尽可能切断泄漏源。用工业覆盖层或吸附/吸收剂盖住泄漏点附近的下水道等地方,防止气体进入。合理通风,加速扩散。喷雾状水稀释、溶解。构筑围堤或挖坑收容产生的大量废水。如有可能,将漏出气用排风机送至空旷地方或装设适当喷头烧掉。漏气容器要妥善处理,修复、检验后再用			
储运	储存于阴凉、通风的库房。远离火种、热源。避免光照。库温不宜超过30℃。应与酸类、碱类、醇类、食用化学品分开存放,切忌混储。采用防爆型照明、通风设施。禁止使用易产生火花的机械设备和工具。储区应备有泄漏应急处理设备。应严格执行极毒物品"五双"管理制度			

9.18 三乙基铝

标识	中文名:三乙基铝	英文名:aluminum triethyl;triethylaluminium		
	分子式:C₆H₁₅Al	分子量:114.17		UN编号:3051
	危险类别:第4.2类自燃物品	危规号:42022		CAS号:97-93-8
	包装标志:自燃物品	包装类别:O51		

	外观与性状:无色透明液体,具有强烈的霉烂气味		
理化性质	溶解性:溶于苯		
	熔点/℃:−52.5	沸点/℃:194	
	相对密度(水=1):0.84	相对密度(空气=1):无资料	
	饱和蒸气压/kPa:0.53(83℃)	燃烧热/(kJ/mol):4867.8	
	临界温度/℃:无资料	临界压力/MPa:无资料	
燃烧爆炸危险性	燃烧性:本品极度易燃,具强腐蚀性、强刺激性,可致人体灼伤		闪点/℃:<−52
	爆炸下限/%:无资料	爆炸上限/%:无资料	
	引燃温度/℃:<−52	最小点火能/MJ:无资料	
	最大爆炸压力/MPa:无资料	稳定性:无资料	
	聚合危害:无资料	燃烧分解产物:一氧化碳、二氧化碳、氧化铝	
	避免接触的条件:受热、空气	禁忌物:强氧化剂、酸类、水、空气、氧、醇类	
	危险特性:化学反应活性很高,接触空气会冒烟自燃。对微量的氧及水分反应极其灵敏,易引起燃烧爆炸。与酸、卤素、醇、胺类接触发生剧烈反应。遇水强烈分解,放出易燃的烷烃气体		
	灭火方法:采用干粉、干砂灭火。禁止用水和泡沫灭火		
毒性	LD$_{50}$:无资料;LC$_{50}$:无资料 OELs(mg/m^3):MAC:—;PC-TWA:—;PC-STEL:—		
健康危害	具有强烈刺激和腐蚀作用,主要损害呼吸道和眼结膜,高浓度吸入可引起肺水肿。吸入其烟雾可致烟雾热。皮肤接触可致灼伤,产生充血水肿和起水疱,疼痛剧烈		
急救	皮肤接触:立即脱去污染的衣着,用大量流动清水冲洗至少15min。就医。眼睛接触:立即提起眼睑,用大量流动清水或生理盐水彻底冲洗至少15min。就医。吸入:迅速脱离现场至空气新鲜处。保持呼吸道通畅。如呼吸困难,给输氧。如呼吸停止,立即进行人工呼吸。就医。食入:用水漱口,给饮牛奶或蛋清。就医		
防护	工程控制:严加密闭,提供充分的局部排风和全面通风。呼吸系统防护:作业时,应该佩戴自吸过滤式防毒面具(全面罩)。紧急事态抢救或撤离时,必须佩戴空气呼吸器。眼睛防护:呼吸系统防护中已作防护。身体防护:穿胶布防毒衣。手防护:戴橡胶手套。其他:工作现场严禁吸烟。工作完毕,淋浴更衣。单独存放被毒物污染的衣服,洗后备用		
泄漏处理	迅速撤离泄漏污染区人员至安全区,并进行隔离,严格限制出入。切断火源。建议应急处理人员戴自给正压式呼吸器,穿防毒服。不要直接接触泄漏物。尽可能切断泄漏源。小量泄漏:用砂土或其他不燃材料吸附或吸收。大量泄漏:构筑围堤或挖坑收容。用防爆泵转移至槽车或专用收集器内,回收或运至废物处理场所处置		
储运	储存时必须用充有惰性气体或特定的容器包装。储存于阴凉、通风的库房。远离火种、热源。库温不超过25℃,相对湿度不超过75%。包装要求密封,不可与空气接触。应与氧化剂、酸类、醇类等分开存放,切忌混储。采用防爆型照明、通风设施。禁止使用易产生火花的机械设备和工具。储区应备有泄漏应急处理设备和合适的收容材料。运输时运输车辆应配备相应品种和数量的消防器材及泄漏应急处理设备。装运本品的车辆排气管须有阻火装置。运输过程中要确保容器不泄漏、不倒塌、不坠落、不损坏。严禁与氧化剂、酸类、醇类、食用化学品等混装混运。运输途中应防暴晒、雨淋,防高温。中途停留时应远离火种、热源。运输用车、船必须干燥,并有良好的防雨设施。车辆运输完毕应进行彻底清扫。铁路运输时要禁止溜放		

9.19　五氧化二钒

	中文名:五氧化二钒;钒酸酐	英文名:vanadium pentoxide	
标识	分子式:V$_2$O$_5$	分子量:182.00	UN编号:2862
	危险类别:第6.1类毒害品	危规号:61028	CAS号:1314-62-1
	包装标志:毒害品	包装类别:Ⅱ类	

理化性质	外观与性状:橙黄色或红棕色结晶粉末	
	溶解性:微溶于水,不溶于乙醇,溶于浓酸、碱	
	熔点/℃:690	沸点/℃:分解
	相对密度(水=1):3.35	相对密度(空气=1):无资料
	饱和蒸气压/kPa:无资料	燃烧热/(kJ/mol):无意义
	临界温度/℃:无资料	临界压力/MPa:无资料
燃烧爆炸危险性	燃烧性:不燃	闪点/℃:无意义
	爆炸下限/%:无意义	爆炸上限/%:无意义
	引燃温度/℃:无意义	最小点火能/MJ:无意义
	最大爆炸压力/MPa:无意义	稳定性:无资料
	聚合危害:无资料	燃烧分解产物:可能产生有害的毒性烟雾
	避免接触的条件:无资料	
	禁忌物:强酸、易燃或可燃物	
	危险特性:不燃。与三氟化氯、锂接触剧烈反应	
	灭火方法:消防人员必须穿全身防火防毒服,在上风向灭火。灭火时尽可能将容器从火场移至空旷处	
毒性	LD$_{50}$:10mg/kg(大鼠经口);LC$_{50}$:无资料	
	OELs(mg/m^3):MAC:—;PC-TWA:0.05;PC-STEL:—	
健康危害	侵入途径:吸入、食入	
	对呼吸系统和皮肤有损害作用。急性中毒:可引起鼻、咽、肺部刺激症状,接触者出现眼烧灼感、流泪、咽痒、干咳、胸闷、全身不适、倦怠等表现,重者出现支气管炎或支气管肺炎。皮肤高浓度接触可致皮炎,剧烈瘙痒。慢性中毒:长期接触可引起慢性支气管炎、肾损害、视力障碍等	
急救	皮肤接触:立即脱去污染的衣着,用大量流动清水冲洗。就医。眼睛接触:提起眼睑,用流动清水或生理盐水冲洗。就医。吸入:迅速脱离现场至空气新鲜处。保持呼吸道通畅。如呼吸困难,给输氧。如呼吸停止,立即进行人工呼吸。就医。食入:饮足量温水,催吐。就医	
防护	工程控制:密闭操作,局部排风。提供安全淋浴和洗眼设备。呼吸系统防护:可能接触其粉尘时,必须佩戴防尘面具(全面罩)。紧急事态抢救或撤离时,应该佩戴空气呼吸器。眼睛防护:呼吸系统防护中已作防护。身体防护:穿胶布防毒衣。手防护:戴橡胶手套。其他防护:工作现场禁止吸烟、进食和饮水。工作完毕,淋浴更衣。单独存放被毒物污染的衣服,洗后备用。实行就业前和定期的体检	
泄漏处理	隔离泄漏污染区,限制出入。建议应急处理人员戴自给正压式呼吸器,穿防毒服。避免扬尘,小心扫起,置于袋中转移至安全场所。若大量泄漏,用塑料布、帆布覆盖。收集回收或运至废物处理场所处置	
储运	储存于阴凉、通风的库房。远离火种、热源。应与易(可)燃物、酸类、食用化学品分开存放,切忌混储。储区应备有合适的材料收容泄漏物。应严格执行极毒物品"五双"管理制度。铁路运输时应严格按照《危险货物道路运输规则》中的危险货物配装表进行配装。运输前应先检查包装容器是否完整、密封,运输过程中要确保容器不泄漏、不倒塌、不坠落、不损坏。严禁与酸类、氧化剂、食品及食品添加剂混运。运输时运输车辆应配备泄漏应急处理设备。运输途中应防暴晒、雨淋,防高温	

9.20　1,1-二氯乙烷

物质名称:1,1-二氯乙烷

物化特性

沸点/℃	57.3	相对密度(水=1)	1.17

饱和蒸气压/kPa	15.33(10℃)	熔点/℃	−96.7
相对密度(空气＝1)	3.42	溶解性	溶于多数有机溶剂
外观与气味	无色带有醚味的油状液体		

火灾爆炸危险数据

闪点/℃	−10	爆炸极限	5.6%～16.0%
灭火方法及灭火剂	喷水冷却容器,可能的话将容器从火场移至空旷处。处在火场中的容器若已变色或从安全泄压装置中产生声音,必须马上撤离。灭火剂:泡沫、干粉、二氧化碳、砂土。用水灭火无效		
危险特性	易燃,其蒸气与空气可形成爆炸性混合物,遇明火、高热能引起燃烧爆炸。受高热分解产生有毒的腐蚀性烟气。与氧化剂能发生强烈反应。其蒸气比空气重,能在较低处扩散到相当远的地方,遇火源会着火回燃		

反应活性数据

稳定性	稳定	√	避免条件	
	不稳定			
聚合危险性	可能存在	√	避免条件	
	不存在			
禁忌物	强氧化剂、酸类、碱类		燃烧(分解)产物	一氧化碳、二氧化碳、氯化氢、光气

健康危害数据

侵入途径	吸入	√	食入	√	皮肤	√
急性毒性	LD_{50}	725mg/kg(大鼠经口)	LC_{50}		无资料	

健康危害(急性和慢性)

具有麻醉作用。迄今未见本品引起中毒的报道

泄漏紧急处理

迅速撤离泄漏污染区人员至安全区,并进行隔离,严格限制出入。切断火源。建议应急处理人员戴自给正压式呼吸器,穿防静电工作服。尽可能切断泄漏源。防止流入下水道、排洪沟等限制性空间。小量泄漏:用砂土或其他不燃材料吸附或吸收。也可以用不燃性分散剂制成的乳液刷洗,洗液稀释后放入废水系统。大量泄漏:构筑围堤或挖坑收容。用泡沫覆盖,降低蒸气灾害。用防爆泵转移至槽车或专用收集器内,回收或运至废物处理场所处置

储运注意事项

运输时运输车辆应配备相应品种和数量的消防器材及泄漏应急处理设备。夏季最好早晚运输。运输时所用的槽(罐)车应有接地链,槽内可设孔隔板以减少震荡产生静电。严禁与氧化剂、酸类、碱类等混装混运。运输途中应防暴晒、雨淋,防高温。中途停留时应远离火种、热源、高温区。装送该物品的车辆排气管必须配备阻火装置,禁止使用易产生火花的机械设备和工具装卸。公路运输时要按规定路线行驶,勿在居民区和人口稠密区停留。铁路运输时要禁止溜放。严禁用木船、水泥船散装运输

防护措施

车间卫生标准	中国　MAC(mg/m³)	25
	苏联　MAC(mg/m³)	10
	美国　TVL-TWA	OSHA 100ppm,405mg/m³; ACGIH 100ppm,405mg/m³
	美国　TLV-STEL	ACGIH 250ppm,1010mg/m³
工程控制	生产过程密闭,加强通风。提供安全淋浴和洗眼设备	
呼吸系统防护	空气中浓度超标时,建议佩戴过滤式防毒面具(半面罩)。紧急事态抢救或撤离时,佩戴隔离式呼吸器	身体防护	穿防静电工作服

手防护	戴橡胶耐油手套	眼防护	戴化学安全防护眼镜
其他	工作现场禁止吸烟、进食和饮水。工作完毕,淋浴更衣。注意个人清洁卫生		

9.21　1,2-二氯乙烷

物质名称:1,2-二氯乙烷

物化特性

沸点/℃	83.5	相对密度(水=1)	1.26
饱和蒸气压/kPa	13.33(29.4℃)	熔点/℃	−35.7
相对密度(空气=1)	3.35	溶解性	微溶于水,可混溶于醇、醚、氯仿
外观与气味	无色或浅黄色透明液体,有类似氯仿的气味		

火灾爆炸危险数据

闪点/℃	13	爆炸极限	6.2%~16.0%
灭火方法及灭火剂	喷水冷却容器,可能的话将容器从火场移至空旷处。处在火场中的容器若已变色或从安全泄压装置中产生声音,必须马上撤离。灭火剂:泡沫、干粉、二氧化碳、砂土。用水灭火无效		
危险特性	易燃,其蒸气与空气可形成爆炸性混合物,遇明火、高热能引起燃烧爆炸。受高热分解产生有毒的腐蚀性烟气。与氧化剂接触发生反应,遇明火、高热易引起燃烧,并放出有毒气体。其蒸气比空气重,能在较低处扩散到相当远的地方,遇火源会着火回燃		

反应活性数据

稳定性	稳定	√	避免条件	
	不稳定			
聚合危险性	可能存在	√	避免条件	
	不存在			
禁忌物	强氧化剂、酸类、碱类	燃烧(分解)产物		一氧化碳、二氧化碳、氯化氢、光气

健康危害数据

侵入途径	吸入	√	食入	√	皮肤	√
急性毒性	LD₅₀	670mg/kg(大鼠经口);2800mg/kg(兔经皮)	LC₅₀		4050mg/m³,7h(大鼠吸入)	

健康危害(急性和慢性)

　　对眼睛及呼吸道有刺激作用;吸入可引起肺水肿;抑制中枢神经系统、刺激胃肠道和引起肝、肾和肾上腺损害。

　　急性中毒:其表现有两种类型,一为头痛、恶心、兴奋、激动,严重者很快发生中枢神经系统抑制而死亡;另一类型以胃肠道症状为主,呕吐、腹痛、腹泻,严重者可发生肝坏死和肾病变。

　　慢性影响:长期低浓度接触引起神经衰弱综合征和消化道症状。可致皮肤脱屑或皮炎

泄漏紧急处理

　　迅速撤离泄漏污染区人员至安全区,并进行隔离,严格限制出入。切断火源。建议应急处理人员戴自给正压式呼吸器,穿防静电工作服。尽可能切断泄漏源。防止流入下水道、排洪沟等限制性空间。小量泄漏:用砂土或其他不燃材料吸附或吸收。也可以用大量水冲洗,洗水稀释后放入废水系统。大量泄漏:构筑围堤或挖坑收容。用泡沫覆盖,降低蒸气灾害。用防爆泵转移至槽车或专用收集器内,回收或运至废物处理场所处置

储运注意事项

　　铁路运输时应严格按照《危险货物道路运输规则》中的危险货物配装表进行配装。运输时运输车辆应配备相应品种和数量的消防器材及泄漏应急处理设备。夏季最好早晚运输。运输时所用的槽(罐)车应有接地链,槽内可设孔隔板以减少震荡产生静电。严禁与氧化剂、酸类、碱类、食用化学品等混装混运。运输途中应防暴晒、雨淋,防高温。中途停留时应远离火种、热源、高温区。装运该物品的车辆排气管必须配备阻火装置,禁止使用易产生火花的机械设备和工具装卸。公路运输要按规定路线行驶,勿在居民区和人口稠密区停留。铁路运输时要禁止溜放。严禁用木船、水泥船散装运输

防护措施

车间卫生标准	中国　MAC(mg/m³)	25
	苏联　MAC(mg/m³)	5
	美国　TVL-TWA	OSHA 50ppm,100ppm[上限值]; ACGIH 10ppm,40mg/m³
	美国　TLV-STEL	未制定标准

工程控制	密闭操作,局部排风。提供安全淋浴和洗眼设备		
呼吸系统防护	空气中浓度超标时,建议佩戴过滤式防毒面具(半面罩)。紧急事态抢救或撤离时,佩戴隔离式呼吸器	身体防护	穿防静电工作服
手防护	戴橡胶耐油手套	眼防护	戴化学安全防护眼镜
其他	工作现场禁止吸烟、进食和饮水。工作完毕,淋浴更衣。注意个人清洁卫生		

9.22　次氯酸钠溶液

物质名称: 次氯酸钠溶液

物化特性

沸点/℃	102.2	相对密度(水=1)	1.10
饱和蒸气压/kPa	无资料	熔点/℃	−6
相对密度(空气=1)	无资料	溶解性	溶于水
外观与气味	微黄色溶液,有似氯气的气味		

火灾爆炸危险数据

闪点/℃	无意义	爆炸极限	无意义
灭火方法及灭火剂	采用雾状水、二氧化碳、砂土灭火		
危险特性	受高热分解产生有毒的腐蚀性烟气。具有腐蚀性		

反应活性数据

稳定性	稳定		避免条件	
	不稳定	√		
聚合危险性	可能存在	√	避免条件	
	不存在			
禁忌物	碱类		燃烧(分解)产物	氯化物

健康危害数据

侵入途径	吸入	√	食入	√	皮肤	
急性毒性	LD₅₀	8500mg/kg(小鼠经口)	LC₅₀		无资料	

健康危害(急性和慢性)

经常用手接触本品的工人,手掌大量出汗,指甲变薄,毛发脱落。本品有致敏作用。本品放出的游离氯有可能引起中毒

泄漏紧急处理

迅速撤离泄漏污染区人员至安全区,并进行隔离,严格限制出入。建议应急处理人员戴自给正压式呼吸器,穿防酸碱工作服。不要直接接触泄漏物。尽可能切断泄漏源。小量泄漏:用砂土、蛭石或其他惰性材料吸收。大量泄漏:构筑围堤或挖坑收容。用泡沫覆盖,降低蒸气灾害。用泵转移至槽车或专用收集器内,回收或运至废物处理场所处置

储运注意事项

　　起运时包装要完整,装载应稳妥。运输过程中要确保容器不泄漏、不倒塌、不坠落、不损坏。严禁与碱类、食用化学品等混装混运。运输时运输车辆应配备泄漏应急处理设备。运输途中应防暴晒、雨淋,防高温。公路运输时要按规定路线行驶,勿在居民区和人口稠密区停留

防护措施

车间卫生标准	中国　MAC(mg/m^3)		未制定标准		
	苏联　MAC(mg/m^3)		未制定标准		
	美国　TVL-TWA		未制定标准		
	美国　TLV-STEL		未制定标准		
工程控制	生产过程密闭,全面通风。提供安全淋浴和洗眼设备				
呼吸系统防护	高浓度环境中,应该佩戴直接式防毒面具(半面罩)		身体防护	穿防腐工作服	
手防护	戴橡胶手套		眼防护	戴化学安全防护眼镜	
其他	工作现场禁止吸烟、进食和饮水。工作完毕,淋浴更衣。注意个人清洁卫生				

9.23　马来酸二甲酯

物质名称:马来酸二甲酯

物化特性

沸点/℃	204～205	相对密度(水=1)	1.15
饱和蒸气压/kPa	1.33(84℃)	熔点/℃	－19
相对密度(空气=1)	无资料	溶解性	不溶于水
外观与气味	无色液体		

火灾爆炸危险数据

闪点/℃	91	爆炸极限	无资料
灭火方法及灭火剂	消防人员须佩戴防毒面具、穿全身消防服,在上风向灭火。尽可能将容器从火场移至空旷处。喷水保持火场容器冷却,直至灭火结束。处在火场中的容器若已变色或从安全泄压装置中产生声音,必须马上撤离。灭火剂:雾状水、泡沫、干粉、二氧化碳、砂土		
危险特性	遇明火、高热可燃		

反应活性数据

稳定性	稳定	√	避免条件		
	不稳定				
聚合危险性	可能存在	√	避免条件		
	不存在				
禁忌物	酸类、碱类、氧化剂、还原剂		燃烧(分解)产物		一氧化碳、二氧化碳

健康危害数据

侵入途径	吸入	√	食入	√	皮肤	√
急性毒性	LD$_{50}$	1410mg/kg(大鼠经口);530mg/kg(大鼠经皮)	LC$_{50}$	无资料		

健康危害(急性和慢性)

吸入、摄入或经皮肤吸收后对身体有害。对眼睛、皮肤、黏膜和上呼吸道有刺激作用

泄漏紧急处理

迅速撤离泄漏污染区人员至安全区,并进行隔离,严格限制出入。切断火源。建议应急处理人员戴自给正压式呼吸器,穿防毒服。尽可能切断泄漏源。防止流入下水道、排洪沟等限制性空间。小量泄漏:用砂土、蛭石或其他惰性材料吸收。也可以用不燃性分散剂制成的乳液刷洗,洗液稀释后放入废水系统。大量泄漏:构筑围堤或挖坑收容。用泵转移至槽车或专用收集器内,回收或运至废物处理场所处置

储运注意事项

运输前应先检查包装容器是否完整、密封,运输过程中要确保容器不泄漏、不倒塌、不坠落、不损坏。严禁与氧化剂、还原剂、酸类、碱类、食用化学品等混装混运。运输车船必须彻底清洗、消毒,否则不得装运其他物品。船运时,配装位置应远离卧室、厨房,并与机舱、电源、火源等部位隔离。公路运输时要按规定路线行驶

防护措施

车间卫生标准	中国　MAC(mg/m^3)	未制定标准		
	苏联　MAC(mg/m^3)	未制定标准		
	美国　TVL-TWA	未制定标准		
	美国　TLV-STEL	未制定标准		
工程控制	密闭操作,注意通风			
呼吸系统防护	空气中浓度超标时,必须佩戴自吸过滤式防毒面具(半面罩)。紧急事态抢救或撤离时,应该佩戴空气呼吸器		身体防护	穿防毒物渗透工作服
手防护	戴橡胶耐油手套		眼防护	戴化学安全防护眼镜
其他	工作现场严禁吸烟。工作完毕,淋浴更衣。特别注意眼和呼吸道的防护			

9.24　γ-丁内酯

物质名称:γ-丁内酯

物化特性

沸点/℃	206	相对密度(水＝1)	1.13(15℃)
饱和蒸气压/kPa	2.0(20℃)	熔点/℃	−44
相对密度(空气＝1)	3.0	溶解性	与水混溶,可混溶于乙醇、苯、丙酮、乙醚
外观与气味	无色、带有使人不愉快气味的油状液体		

火灾爆炸危险数据

闪点/℃	98	爆炸极限	1.4%～16%
灭火方法及灭火剂	消防人员须佩戴防毒面具、穿全身消防服,在上风向灭火。尽可能将容器从火场移至空旷处。喷水保持火场容器冷却,直至灭火结束。处在火场中的容器若已变色或从安全泄压装置中产生声音,必须马上撤离。用水喷射逸出液体,使其稀释成不燃性混合物,并用雾状水保护消防人员。灭火剂:水、雾状水、抗溶性泡沫、干粉、二氧化碳、砂土		
危险特性	遇明火、高热可燃		

反应活性数据

稳定性	稳定	√	避免条件	
	不稳定			

续表

聚合危险性	可能存在	√	避免条件		
	不存在				
禁忌物	强氧化剂、强酸、强碱、强还原剂		燃烧(分解)产物		一氧化碳、二氧化碳

健康危害数据

侵入途径	吸入	√	食入	√	皮肤	√
急性毒性	LD_{50}	1800mg/kg(大鼠经口);<5mL/kg[豚鼠经皮]	LC_{50}		无资料	

健康危害(急性和慢性)

对皮肤有刺激作用。对眼睛、黏膜和上呼吸道有刺激作用。易经皮肤吸收

泄漏紧急处理

迅速撤离泄漏污染区人员至安全区,并进行隔离,严格限制出入。切断火源。建议应急处理人员戴自给正压式呼吸器,穿防毒服。尽可能切断泄漏源。防止流入下水道、排洪沟等限制性空间。小量泄漏:用砂土、蛭石或其他惰性材料吸收。也可以用大量水冲洗,洗水稀释后放入废水系统。大量泄漏:构筑围堤或挖坑收容。用泵转移至槽车或专用收集器内,回收或运至废物处理场所处置

储运注意事项

运输前应先检查包装容器是否完整、密封,运输过程中要确保容器不泄漏、不倒塌、不坠落、不损坏。严禁与氧化剂、酸类、碱类、食用化学品等混装混运。运输车船必须彻底清洗、消毒,否则不得装运其他物品。船运时,配装位置应远离卧室、厨房,并与机舱、电源、火源等部位隔离。公路运输时要按规定路线行驶

防护措施

车间卫生标准	中国　MAC(mg/m³)	未制定标准
	苏联　MAC(mg/m³)	未制定标准
	美国　TVL-TWA	未制定标准
	美国　TLV-STEL	未制定标准

工程控制	生产过程密闭,全面通风		
呼吸系统防护	空气中浓度超标时,必须佩戴自吸过滤式防毒面具(半面罩)。紧急事态抢救或撤离时,应该佩戴空气呼吸器	身体防护	穿防毒物渗透工作服
手防护	戴橡胶耐油手套	眼防护	戴化学安全防护眼镜
其他	工作现场严禁吸烟。工作完毕,淋浴更衣。注意个人清洁卫生。定期体检		

9.25　1,4-丁二醇

物质名称:1,4-丁二醇

物化特性

沸点/℃	230	相对密度(水=1)	1.02
饱和蒸气压/kPa	无资料	熔点/℃	16
相对密度(空气=1)	3.1	溶解性	微溶于乙醚,与水混溶,溶于乙醇等
外观与气味	无色、油状液体		

火灾爆炸危险数据

闪点/℃	>110	爆炸极限	无资料

灭火方法及灭火剂	尽可能将容器从火场移至空旷处。喷水保持火场容器冷却,直至灭火结束。处在火场中的容器若已变色或从安全泄压装置中产生声音,必须马上撤离。用水喷射逸出液体,使其稀释成不燃性混合物,并用雾状水保护消防人员。灭火剂:水、雾状水、抗溶性泡沫、干粉、二氧化碳、砂土
危险特性	遇明火、高热可燃。与氧化剂可发生反应。若遇高热,容器内压增大,有开裂和爆炸的危险

反应活性数据

稳定性	稳定	√	避免条件	
	不稳定			
聚合危险性	可能存在	√	避免条件	
	不存在			
禁忌物	强氧化剂、酰基氯、酸酐、强酸		燃烧(分解)产物	一氧化碳、二氧化碳

健康危害数据

侵入途径	吸入	√	食入	√	皮肤	
急性毒性	LD_{50}	2200mg/kg(小鼠经口);1800mg/kg(大鼠经口)		LC_{50}	无资料	

健康危害(急性和慢性)

未稀释的本品对人的皮肤有轻微刺激作用。国外曾有人报道,7例将本品作为甘油代用品使用而引起中毒,中毒者有肾脏损害

泄漏紧急处理

迅速撤离泄漏污染区人员至安全区,并进行隔离,严格限制出入。切断火源。建议应急处理人员戴自吸过滤式防毒面具(全面罩),穿一般作业工作服。尽可能切断泄漏源。防止流入下水道、排洪沟等限制性空间。小量泄漏:用砂土、干燥石灰或苏打灰混合。也可以用大量水冲洗,洗水稀释后放入废水系统。大量泄漏:构筑围堤或挖坑收容。用泵转移到槽车或专用收集器内,回收或运至废物处理场所处置

储运注意事项

运输前应先检查包装容器是否完整、密封,运输过程中要确保容器不泄漏、不倒塌、不坠落、不损坏。严禁与氧化剂、酸类等混装混运。船运时,应与机舱、电源、火源等部位隔离。公路运输时要按规定路线行驶

防护措施

车间卫生标准	中国 MAC(mg/m³)	未制定标准		
	苏联 MAC(mg/m³)	未制定标准		
	美国 TVL-TWA	未制定标准		
	美国 TLV-STEL	未制定标准		
工程控制	提供良好的自然通风条件			
呼吸系统防护	一般不需要特殊防护,高浓度接触时可佩戴自吸过滤式防毒面具(半面罩)		身体防护	穿一般作业防护服
手防护	戴防化学品手套		眼防护	空气中浓度较高时,佩戴化学安全防护眼镜
其他	工作完毕,淋浴更衣。避免长期反复接触。定期体检			

参 考 文 献

[1] GB 50235—2010. 工业金属管道工程施工规范.

[2] TSG 07—2019. 特种设备生产和充装单位许可规则.

[3] GBZ 230—2010. 职业性接触毒物危害程度分级.

[4] GB 50160—2008. 石油化工企业设计防火标准（2018 年版）.

[5] GB 50016—2014. 建筑设计防火规范（2018 年版）.

[6] SH 3012—2011. 石油化工金属管道布置设计规范.

[7] NB/T 47014～NB/T 47016—2023. 承压设备焊接工艺评定［合订本］.

[8] GB 7231—2003. 工业管道的基本识别色、识别符号和安全标识.

[9] GB 30871—2022. 危险化学品企业特殊作业安全规范.

[10] GB/T 3608—2008. 高处作业分级.

[11] GB 39800.1—2020. 个体防护装备配备规范 第 1 部分：总则.

[12] GB 38454—2019. 坠落防护 水平生命线装置.

[13] 中华人民共和国应急管理部. 国家安全监管总局关于公布首批重点监管的危险化工工艺目录的通知（安监总管三〔2009〕116 号）［EB/OL］. https：//www.mem.gov.cn/gk/gwgg/agwzlfl/tz_01/200906/t20090615_408946.shtml.

[14] 中华人民共和国应急管理部. 国家安全监管总局关于公布第二批重点监管危险化工工艺目录和调整首批重点监管危险化工工艺中部分典型工艺的通知（安监总管三〔2013〕3 号）［EB/OL］. https：//www.mem.gov.cn/gk/gwgg/agwzlfl/gfxwj/2013/201301/t20130118_242954.shtml.

[15] 山东省应急管理厅. 济南齐鲁天和惠世制药有限公司"4·15"重大着火中毒事故调查报告［EB/OL］. http://www.shandong.gov.cn/art/2019/9/7/art_98819_8080986.html.